U0236555

国家科学思想库

# 中国学科发展战略

# 土壤生物学

国家自然科学基金委员会
中国科学院

科学出版社
北京

## 内 容 简 介

《中国学科发展战略·土壤生物学》在回顾我国土壤生物学的发展历程和研究基础上，系统总结了国际和国内土壤生物学发展态势和研究前沿，就土壤生物与土壤肥力、土壤生物与全球变化、土壤生物与环境污染、土壤生物相互作用及土壤生物学多学科交叉研究等方面的重要研究进展作了系统归纳和总结，对我国土壤生物学研究中存在的问题和未来的发展方向进行了分析，并对土壤生物学研究的新技术、野外研究平台和人才培养现状进行了分析和综述。

本书适合高层次的战略和管理专家，相关领域的高等院校师生、研究机构的研究人员阅读，是科技工作者洞悉学科发展规律、把握前沿领域和重点方向的重要指南，也是科技管理部门重要的决策参考，同时也是社会公众了解土壤生物学学科发展现状及趋势的权威读本。

**图书在版编目(CIP)数据**

土壤生物学/国家自然科学基金委员会，中国科学院编.—北京：科学出版社，2016.4

（中国学科发展战略）

ISBN 978-7-03-047569-5

Ⅰ.①土… Ⅱ.①国…②中… Ⅲ.①土壤生物学—研究 Ⅳ.①S154

中国版本图书馆 CIP 数据核字（2016）第 046639 号

丛书策划：侯俊琳 牛 玲

责任编辑：侯俊琳 杨婵娟 吴春花/责任校对：蒋萍

责任印制：李 彤/封面设计：黄华斌 陈 敬

科学出版社出版

北京东黄城根北街 16 号

邮政编码：100717

http://www.sciencep.com

北京虎彩文化传播有限公司 印刷

科学出版社发行 各地新华书店经销

\*

2016 年 4 月第 一 版 开本：720×1000 1/16

2022 年 3 月第六次印刷 印张：11 1/4

字数：208 000

定价：88.00 元

（如有印装质量问题，我社负责调换）

# 中国学科发展战略

## 联合领导小组

组　　长：陈宜瑜　李静海
副组长：秦大河　姚建年
成　　员：詹文龙　朱道本　陈　颙　李　未　顾秉林
　　　　　贺福初　曹效业　李　婷　王敬泽　刘春杰
　　　　　高瑞平　孟宪平　韩　宇　郑永和　汲培文
　　　　　梁文平　杜生明　柴育成　黎　明　秦玉文
　　　　　李一军　董尔丹

## 联合工作组

组　　长：李　婷　郑永和
成　　员：龚　旭　朱蔚彤　孟庆峰　吴善超　李铭禄
　　　　　刘春杰　张家元　钱莹洁　申倚敏　林宏侠
　　　　　冯　霞　王振宇　薛　淮　赵剑峰

# 中国学科发展战略·土壤生物学

## 项 目 组

组　　长：傅伯杰

成　　员：（以姓氏拼音为序）

傅声雷　贺纪正　胡　锋　黄巧云

贾仲君　冷疏影　陆雅海　马　可

申倚敏　沈菊培　沈仁芳　宋长青

陶　澍　吴金水　徐建明　张丽梅

张旭东　周集中　朱永官

学术秘书：贺纪正　陆雅海

## 撰 写 组

组　　长：傅伯杰

主要成员：（以姓氏拼音为序）

陈保冬　陈小云　褚海燕　邓　晔

傅声雷　葛体达　何红波　何　艳

贺纪正　胡　锋　胡水金　黄巧云

贾仲君　李芳柏　刘芳华　刘满强

刘占锋　陆雅海　沈仁芳　施卫明

王　娓　韦革宏　魏文学　吴金水

徐建明　杨云锋　张　斌　张丽梅

张旭东　赵方杰　周集中　朱永官

# 总 序

## 白春礼 杨 卫

　　17 世纪的科学革命使科学从普适的自然哲学走向分科深入，如今已发展成为一幅由众多彼此独立又相互关联的学科汇就的壮丽画卷。在人类不断深化对自然认识的过程中，学科不仅仅是现代社会中科学知识的组成单元，同时也逐渐成为人类认知活动的组织分工，决定了知识生产的社会形态特征，推动和促进了科学技术和各种学术形态的蓬勃发展。从历史上看，学科的发展体现了知识生产及其传播、传承的过程，学科之间的相互交叉、融合与分化成为科学发展的重要特征。只有了解各学科演变的基本规律，完善学科布局，促进学科协调发展，才能推进科学的整体发展，形成促进前沿科学突破的科研布局和创新环境。

　　我国引入近代科学后几经曲折，及至上世纪初开始逐步同西方科学接轨，建立了以学科教育与学科科研互为支撑的学科体系。新中国建立后，逐步形成完整的学科体系，为国家科学技术进步和经济社会发展提供了大量优秀人才，部分学科已进入世界前列，有的学科取得了令世界瞩目的突出成就。当前，我国正处在从科学大国向科学强国转变的关键时期，经济发展新常态下要求科学技术为国家经济增长提供更强劲的动力，创新成为引领我国经济发展的新引擎。与此同时，改革开放 30 多年来，特别是 21 世纪以来，我国迅猛发展的科学事业蓄积了巨大的内能，不仅重大创新成果源源不断产生，而且一些学科正在孕育新的生长点，有可能引领世界学科发展的新方向。因此，开展学科发展战略研究是提高我国自主创新能力、实现我国科学由"跟跑者"向"并行者"和"领跑者"转变的一项基础工程，对于更好把握世界科技创新发展趋势，发挥科技创新在全面创新中的引领作用，具有重要的现实意义。

学科发展战略研究的核心是结合科学技术和经济社会的发展需求，在分析科学前沿发展趋势的基础上，寻找新的学科生长点和方向。在这个过程中，战略科学家的前瞻引领作用十分重要。科学史上这样的例子比比皆是。在1900年8月巴黎国际数学家代表大会上，德国数学家戴维·希尔伯特发表了题为"数学问题"的著名讲演，他根据过去特别是19世纪数学研究的成果和发展趋势，提出了23个最重要的数学问题，即"希尔伯特问题"。这些"问题"后来成为许多数学家力图攻克的难关，对现代数学的研究和发展产生了深刻的影响。1959年12月，美国物理学家、诺贝尔奖得主理查德·费曼在加利福尼亚理工学院举行的美国物理学会年会上发表了题为《物质底层大有空间——一张进入物理新领域的请柬》的经典讲话，对后来出现的纳米技术作出了天才的预见。

学科生长点并不完全等同于科学前沿，其产生和形成不仅取决于科学前沿的成果，还决定于社会生产和科学发展的需要。1841年，佩利戈特用钾还原四氯化铀，成功地获得了金属铀，可在很长一段时间并未能发展成为学科生长点。直到1939年，哈恩和斯特拉斯曼发现了铀的核裂变现象后，人们认识到它有可能成为巨大的能源，这才形成了以铀为主要对象的核燃料科学的学科生长点。而基本粒子物理学作为一门理论性很强的学科，它的新生长点之所以能不断形成，不仅在于它有揭示物质的深层结构秘密的作用，而且在于其成果有助于认识宇宙的起源和演化。上述事实说明，科学在从理论到应用又从应用到理论的转化过程中，会有新的学科生长点不断地产生和形成。

不同学科交叉集成，特别是理论研究与实验科学相结合，往往也是新的学科生长点的重要来源。新的实验方法和实验手段的发明，大科学装置的建立，如离子加速器、中子反应堆、核磁共振仪等技术方法，都促进了相对独立的新学科的形成。自20世纪80年代以来，具有费曼1959年所预见的性能、微观表征和操纵技术的仪器——扫描隧道显微镜和原子力显微镜终于相继问世，为纳米结构的测量和操纵提供了"眼睛"和"手指"，使得人类能更进一步认识纳米世界，极大地推动了纳米技术的发展。

作为国家科学思想库，中国科学院（以下简称中科院）学部的基本职责和优势是为国家科学选择和优化布局重大科学技术发展方向提供科学依据、发挥学术引领作用，国家自然科学基金委员会（以下简称基金委）则承担着协调学科发展、夯实学科基础、促进学科交叉、加强学科建设的重大责任。继基金委和中科院于2012年成功地联合发布"未来10年中国学科发展战略研究"报告之后，双方签署了共同开展学科发展战略研究的长期合作协议，通过联合开展学科发展战略研究的长效机制，共建共享国家科学思想库的研究咨询能力，切实担当起服务国家科学领域决策咨询的核心作用。

基金委和中科院共同组织的学科发展战略研究既分析相关学科领域的发展趋势与应用前景，又提出与学科发展相关的人才队伍布局、环境条件建设、资助机制创新等方面的政策建议，还针对某一类学科发展所面临的共性政策问题，开展专题学科战略与政策研究。自2012年开始，平均每年部署10项左右学科发展战略研究项目，其中既有传统学科中的新生长点或交叉学科，如物理学中的软凝聚态物理、化学中的能源化学、生物学中生命组学等，也有面向具有重大应用背景的新兴战略研究领域，如再生医学、冰冻圈科学、高功率高光束质量半导体激光发展战略研究等，还有以具体学科为例开展的关于依托重大科学设施与平台发展的学科政策研究。

学科发展战略研究工作沿袭了由中科院院士牵头的方式，并凝聚相关领域专家学者共同开展研究。他们秉承"知行合一"的理念，将深刻的洞察力和严谨的工作作风结合起来，潜心研究，求真唯实，"知之真切笃实处即是行，行之明觉精察处即是知"。他们精益求精，"止于至善"，"皆当至于至善之地而不迁"，力求尽善尽美，以获取最大的集体智慧。他们在中国基础研究从与发达国家"总量并行"到"贡献并行"再到"源头并行"的升级发展过程中，脚踏实地，拾级而上，纵观全局，极目迥望。他们站在巨人肩上，立于科学前沿，为中国乃至世界的学科发展指出可能的生长点和新方向。

各学科发展战略研究组从学科的科学意义与战略价值、发展规律和研究特点、发展现状与发展态势、未来5～10年学科发展的关键科学问题、发展思路、发展目标和重要研究方向、学科发展的有效资助机制与政策建议等方面进行分析阐述。既强调学科生长点的科学意义，也考虑其重要的社会价值；既着眼于学科生长点的前沿性，也兼顾其可能利用的资源和条件；既立足于国内的现状，又注重基础研究的国际化趋势；既肯定已取得的成绩，又不回避发展中面临的困难和问题。主要研究成果以"国家自然科学基金委员会—中国科学院学科发展战略"丛书的形式，纳入"国家科学思想库—学术引领系列"陆续出版。

基金委和中科院在学科发展战略研究方面的合作是一项长期的任务。在报告付梓之际，我们衷心地感谢为学科发展战略研究付出心血的院士、专家，还要感谢在咨询、审读和支撑方面做出贡献的同志，也要感谢科学出版社在编辑出版工作中付出的辛苦劳动，更要感谢基金委和中科院学科发展战略研究联合工作组各位成员的辛勤工作。我们诚挚希望更多的院士、专家能够加入到学科发展战略研究的行列中来，搭建我国科技规划和科技政策咨询平台，为推动促进我国学科均衡、协调、可持续发展发挥更大的积极作用。

# 前　言

　　土壤被誉为地球"活的皮肤"，蕴含着极丰富的生物多样性。土壤生物作为元素生物地球化学过程的引擎，驱动着土壤圈与其他各圈层之间活跃的物质交换和循环，在全球变化中扮演着重要的角色。土壤生物也是维系陆地生态系统地上-地下相互作用的纽带，支撑着陆地生态系统的过程和功能，是土壤生态系统的核心，深刻影响着土壤质量。不仅如此，土壤生物还可通过影响土壤-植物系统中污染物的迁移转化、病原菌及抗生素抗性基因的存活与传播而直接影响人体健康。但长期以来由于土壤生物系统的复杂性和土壤生物学研究技术手段的限制，人类对土壤生物多样性和功能的认识十分有限。近年来，突飞猛进的生物学特别是分子生物学技术的进步，为土壤生物学研究提供了新的契机。20世纪90年代以来国际上土壤生物学研究蓬勃发展，土壤生物学迅速成为土壤学、环境科学、地球表层科学和生命科学等学科最为活跃的交叉发展前沿。土壤生物学研究正在为阐明地球系统的生源要素循环，促进土壤资源的可持续利用，理解全球变化及影响，发展污染环境的生物修复技术提供强有力的科学依据和技术支撑。

　　鉴于土壤生物在土壤物质循环和生态系统功能维持中的重要作用，以及近年来国际上该研究领域迅猛发展的态势，中国科学院地学部于2012年4月启动了"土壤与土壤生物学发展战略研究"项目，2013年7月该项目进一步提升为中国科学院和国家自然科学基金委员会联合资助的发展战略研究项目。项目组由来自中国科学院、北京大学、清华大学、浙江大学、中国农业大学、南京农业大学、华中农业大学等单位长期从事土壤生物学、环境科学、生态学、地理学和土壤学各分支学科的著名专家和中青年学者组成，先后召开了 6 次学术研讨会，共邀请了 187 人次专家学者参加项目的咨询和研讨。项目组系统梳理了我国土壤生物学的发展历程和现状，调研了国际土壤生物学的发展态势和前沿热点，并在此基础上，经过反复咨询研讨提出了我国土壤生物学研究领域未来所面临的重要挑战，凝练了今后 5～10 年的关键科学问题，明确了发展目标和发展方向。前期调研成果已编辑成《土壤生物学前沿》一书于2015 年年初由科学出版社出版。本书主要包括调研成果的第二部分，聚焦未来的发展目标和方向。

土壤生物学是高度交叉的研究领域，尽管本质上属于土壤科学的分支学科范畴，但不同学科如环境科学、地理学、生态学和生命科学皆能在这一研究领域进行广泛的渗透融合。鉴于这一特点，本战略研究未按传统的学科门类划分分支方向，而是以具体的科学问题为导向和框架。本书共包含十一章：第一和第二章，讨论了土壤生物学的学科发展任务和战略地位，总结分析了学科发展历程与态势；第三至第五章，提出了我国土壤生物学发展亟须解决的基础性科学问题，包括：土壤生物网络与生态服务功能、土壤微生物时空演变规律和土壤生物地球化学循环的微生物驱动机制；第六至第八章，针对生态环境和社会可持续发展面临的重大挑战，提出了应用性科学问题，包括：土壤生物与土壤肥力、土壤生物与全球变化和土壤生物与土壤污染；第九和第十章，为促进多学科交叉发展和方法平台建设，提出了土壤生物与土壤物理、土壤化学的交叉发展和土壤生物研究方法与平台建设的建议；第十一章，为实现土壤生物学的发展目标，提出了相应的资助机制和政策建议。另外，本书还在附录部分介绍了若干具有重要影响的国际土壤生物学研究计划。本书由傅伯杰、陆雅海、贺纪正、张丽梅设计和组织，各章撰写人分别为：第一和第二章：陆雅海、傅伯杰、贺纪正、贾仲君、张丽梅；第三章：胡锋、刘满强、陈小云、傅声雷；第四章：贺纪正、杨云锋、褚海燕；第五章：吴金水、葛体达、魏文学、杨云锋；第六章：沈仁芳、张旭东、施卫明、韦革宏、胡水金、陈保冬；第七章：陆雅海、傅声雷、褚海燕、杨云锋、刘占锋、王娓、刘芳华；第八章：朱永官、赵方杰、陈保冬、徐建明、李芳柏、韦革宏；第九章：徐建明、李芳柏、黄巧云、张斌、何艳；第十章：贾仲君、刘占锋、何红波、邓晔、周集中、陆雅海、傅声雷；第十一章：贺纪正、傅伯杰、陆雅海、张丽梅；附录：贾仲君、陆雅海。

值得指出的是，本书从国际土壤生物学发展趋势出发，着眼于国家需求和学科发展前沿，提出了土壤生物学领域的关键科学问题和优先发展方向，但并不能涵盖当今土壤生物学研究的所有方面。特别是，基础研究总是存在不可预见性，科学家的好奇心和自由探索永远是科学发展的重要动力。

本项目在执行期间，得到了中国科学院学部工作局的大力支持。国家自然科学基金委员会地球科学部的宋长青和冷疏影不仅以项目组成员身份直接参与项目的咨询研讨，而且一直以管理科学家的身份跟踪和推进本学科的发展。本书成稿后，得到了项目组邀请专家和学部邀请专家的宝贵修改意见和建议，中国科学院生态环境研究中心、城市环境研究所、南京土壤研究所、亚热带农业生态研究所、水利部水土保持研究所，广东省生态环境与土壤研究所和浙江大学支持了项目的实施和多次研讨会，在此一并表示衷心的感谢。

傅伯杰

2015 年 6 月

# 摘　要

中国科学院学部工作局于 2012 年 4 月批准"土壤与土壤生物学发展战略研究"项目，由傅伯杰院士主持承担。2013 年 7 月该项目进一步提升为中国科学院和国家自然科学基金委员会联合资助的发展战略研究项目。项目于 2012 年 6 月召开启动研讨会，确立其主要目标、任务内容和专题分工。随后分别于 2012 年 11 月、2013 年 11 月、2014 年 6 月、2014 年 12 月和 2015 年 5 月先后共召开了 6 次学术研讨会。来自中国科学院生态环境研究中心、南京土壤研究所、城市环境研究所、沈阳应用生态研究所、亚热带农业生态研究所、华南植物园、北京大学、清华大学、浙江大学、中国农业大学、南京农业大学、华中农业大学等单位的专家学者组成了项目研究组，研究期间还邀请了中国科学院青藏高原研究所、水利部水土保持研究所、烟台海岸带研究所，中国农业科学院，中国林业科学院，福建师范大学，西北农林科技大学和广东省生态环境与土壤研究所等多个单位共 187 人次专家学者参加了项目的咨询和研讨。现将研究成果总结如下：

## 一、研究背景

土壤是人类赖以生存和发展最基本的物质基础，土壤过程不仅直接影响土壤肥力和作物生产，而且还影响水圈、大气圈、生物圈和岩石圈的物质循环和平衡。土壤被誉为地球"活的皮肤"，蕴含极丰富的生物多样性，全球土壤中栖居的微生物总量约为海洋微生物总数的 10 倍。土壤生物是物质（元素）转化的主要驱动者，是土壤生态系统的核心，深刻影响着土壤质量。土壤生物也是维系陆地生态系统地上-地下相互作用的纽带，支撑着陆地生态系统过程和功能，在全球物质循环和能量流动过程中发挥着不可替代的作用。土壤生物可通过影响土壤—植物系统中污染物的迁移转化、病原菌及抗生素抗性基因的存活与传播而最终影响人体健康。不仅如此，土壤生物作为生物地球化学过程的引擎，驱动土壤圈与其他各圈层之间发生活跃的物质交换和循环，在全球变化中扮演着重要的角色。因此，近20年来，土壤生物学不仅是土壤科学也是环境科学、地球表层科学和生命科学等学科十分活跃的交叉发展前沿。

英国自然环境研究委员会（NERC）于1998年率先启动了土壤生物学重大研究计划，该计划以英国北部草原土壤为模型，旨在解析驱动陆地生态系统碳循环的微生物群落结构和功能。几乎同时，美国国家科学基金会（NSF）于1999年启动了"微生物观测"项目群计划，2004年进一步将其扩展为"微生物观测、相互作用和过程研究"项目群计划，其中相当一部分项目聚焦土壤微生物研究。2009年，美国科学院（NAS）出版战略咨询报告《土壤科学研究前沿》，强调多学科交叉研究土壤微生物的重要性及其培育新兴学科生长点的巨大潜力，指出未来优先发展领域是不同尺度下土壤微生物格局及其功能的多学科交叉研究。同年，美国科学院出版《生物学战略咨询报告》，指出土壤微生物学研究需借鉴物理、化学、数学和工程等领域的先进技术和理念，从基因、细胞、群落、田块和区域尺度开展土壤微生物功能研究。2010年，美国和欧盟土壤生物学专家联合提出了土壤宏基因组研究计划（TerraGenome），在美国国家科学基金会（NSF）和法国国家科研署（ANK）等资助下，针对野外长期定位试验，开展土壤宏基因组的系统研究，解剖土壤微生物的生态功能。2011年，美国阿贡国家实验室启动了地球微生物计划，重点围绕土壤生态系统，计划在全球范围内开展地球微生物群落结构和功能的系统研究。

目前，我国土壤科学面临的重要科学问题和挑战包括：土壤肥力保持与粮食安全、土壤碳平衡与全球变化、土壤污染修复与生态环境安全等，发展土壤生物学科将有助于解决这些问题，为之提供理论基础和技术支撑。在国际土壤生物学迅速发展背景下，针对我国土壤生物学发展的需求，中国科学院学部工作局于 2012 年启动了本战略研究项目，旨在汇聚我国相关领域的中青年学者专家，系统梳理我国土壤生物学的发展过程和现状，调研国际土壤生物学发展态势和前沿热点，提出我国土壤生物学领域的重要挑战，并凝练今后 5~10 年的主要发展目标和亟须解决的关键科学问题。

## 二、土壤与土壤生物学发展态势分析

近年来土壤生物学研究领域的迅速发展主要得益于微生物分子生态学技术的发展和应用。20 世纪后半叶，美国科学家伍斯（Woese）提出细胞的核糖体 RNA 序列可作为生命进化的分子计时器，创立了生命三域概念，为地球生物多样性的系统研究提供了全新视角。基于伍斯的理论，土壤微生物学家发展了一系列基于 16S rRNA 基因测序的分子生物学研究方法，包括 DNA 克隆测序、稳定同位素探针技术和环境元（宏）基因组学技术等，爆发了一场探索土壤未知微生物种类和功能的革命，使土壤微生物学迅速成为土壤学、生态学、微生物学和环境科学等学科最为活跃的交叉发展前沿。近年来，土壤生物学研究的新发现正在为阐明地球系统的生源要素循环，促进土壤资源的可持续利用，理解全球变化及影响，发展污染环境的生物修复技术提供强有力的科学依据和手段。土壤生物学研究领域标志性的研究进展可总结为以下几个方面。

### （一）显著拓展了土壤微生物多样性和功能的认识

门（Phylum）是生物分类的最高分类单元，随着土壤分子生物学方法的发展和应用，人们对微生物多样性的认识得到不断发展。20 多年前，学术界认为地球原核生物由 14 个门组成，目前海量的环境基因组数据表明环境中原核生物的种类在 100 个门以上。

而土壤含有最为复杂和多样的微生物种类。20 世纪 90 年代初，人们推测 1 克土壤样品中包含 7000 种不同的原核生物物种。实际上，21 世纪初，基于大量数据的统计学模型预测显示，1 吨土壤中至少包含 400 万种不同的原核生物物种。为便于快速鉴定微生物群落的多样性和结构特征，土壤微生物学家发展了许多基于生物标记物指纹图谱的分析方法，包括：磷脂脂肪酸分析技术、限制性片段长度多态性分析技术、变性梯度凝胶电泳和温度梯度凝胶电泳等。至今，以 16S 或 18S rRNA 基因为基础，围绕不同地域或不同土壤类型（如农田、草地和森林），土壤微生物学家开展了大量微生物群落结构和多样性的研究。对于土壤中具有特殊功能的微生物类群，则采用功能基因作为分子标记物，开展了功能基因多样性和微生物群落结构及功能的研究。

为了克服微生物原位研究的困难，土壤微生物学家还把生物标记分子与光学显微技术相结合，创新发展了一系列研究方法，如激光共聚焦技术、荧光原位杂交技术等，这些技术将分子荧光的可视性与显微技术相结合，扫除了原位研究土壤微生物的物种数量、组成比例、时空分布、种群特征和群落结构等的障碍。相关研究不仅促进了植物-土壤-微生物相互作用的研究进展，而且推动了微生物-矿物界面相互作用的研究。另外，稳定同位素示踪和分子标记物分析相结合的方法也得到广泛应用。DNA 同位素探针技术、磷脂脂肪酸同位素质谱耦联技术（PLFA-GC-MS）、纳米次级离子质谱技术（NanoSIMS）等的应用，显著推动了功能微生物种群结构、多样性和生态功能的研究。

### （二）发现了驱动生物地球化学循环的重要物种

土壤中碳、氮、磷、硫、铁等生源要素的生物地球化学循环影响到地球各圈层间物质交换的动态平衡和稳定性，是土壤生物学领域的前沿研究方向之一。不同微生物类群通过独特的新陈代谢机理驱动土壤中生源要素的转化与循环。近 10 多年来，国内外在土壤碳、氮、铁等元素的生物地球化学研究领域取得了一系列重要进展。

（1）碳循环的微生物学机理

碳循环是近年来备受关注的土壤学基本科学问题之一，土壤中有机物质的转化、分解和积累不仅直接影响土壤肥力的发展和演化，而且影响全球碳循环、温室气体排放和气候变化。国内外开展了大量土壤呼吸及其影响因子的研究，揭示了土壤—植物系统光合同化碳的转移分配规律，并在不同地理气候区域开展了大量土壤碳循环的模型模拟研究，揭示了参与土壤碳循环的关键微生物群落结构和机理。

在缺氧土壤（如湿地和水稻土）中，有机物质发生厌氧降解，形成甲烷作为最终产物。由于甲烷是大气重要的温室气体之一，近 20 年来，学术界针对缺氧土壤有机质降解和甲烷产生机理开展了大量研究，尤其在产甲烷微生物的研究方面获得了一系列突破。欧美科学家针对北半球湿地特别是泥炭沼泽地的甲烷产生和排放机理开展了系统研究，通过分子生物学和传统分离培养相结合的方法，探明了北半球典型酸性泥炭土中起关键作用的产甲烷古菌群落。德国、日本和我国科学家则对水稻田的产甲烷过程机理开展了大量研究，发现在水稻土中起关键作用的并非传统菌群，而是一类新型产甲烷古菌，对该类古菌的分离培养突破了产甲烷古菌的传统分类体系，为调控稻田甲烷产生和排放提供了理论基础。

（2）氮循环的微生物学机理

氮是生命必需的营养元素，土壤氮生物地球化学过程与农业生产紧密相关。土壤氮的生物转化由固氮作用、硝化作用、反硝化作用和氨化作用等过程组成，其中氨氧化是农业土壤中氮循环的关键环节。近年来，国际上氨氧化研究的一个重要突破是发现和分离培养了氨氧化古菌。长期以来，细菌被认为是氨氧化过程的唯一执行者，氨氧化古菌的发现突破了该传统理论。对分离培养的氨氧化古菌的研究表明，尽管它们具有氧化铵离子或游离氨的能力，但在细胞内未检测到中间产物——羟胺，表明氨氧化古菌拥有一套不同于氨氧化细菌的特殊代谢途径。同时，大量田间和实验室的模拟实验表明，氨氧化古菌在某些特殊土壤条件下，如酸性土壤氨氧化中起主导作用。土壤古菌参与氨氧化过程的发现不仅改变了细菌介导氨氧化过程的传统观点，而且引发了更多的基础理论研究和思考，对氨氧化古菌生态功能的探寻已成为目前微生物氮循环过程的研究热点之一。

除碳、氮以外，国内外对磷、铁、硫等元素的微生物转化过程和循环也开展了大量研究。菌根真菌是陆地生态系统最典型的植物—微生物共生体系，有研究表明在森林和草原土壤系统中，菌根真菌不仅在土壤磷素转化和移动方面起着极为重要的作用，而且在碳氮循环中也扮演着重要角色。土壤中铁硫循环由特殊微生物菌群介导，如铁还原菌必须具备胞外电子传递的能力。铁硫循环往往与碳氮转化联系在一起，目前国际上的一个发展趋势是针对土壤碳、氮、铁、硫、磷元素的耦合过程机理开展系统性研究，这些新的研究趋势无疑更符合"土壤-微生物"复杂体系相互作用的真实情景。

### （三）维持和提升土壤肥力的生物学机理

土壤生物多样性对土壤肥力的影响表现在提高土壤氮、磷等重要养分元素的有效性，促进土壤有机质的周转和积累，改善土壤结构和质量，消除土壤障碍因子等。研究表明，土壤生物多样性能增强植物对非生物胁迫因子的抗性，赋予植物对土传病害的保护能力，提高植物对土壤养分和水分的利用效率。

生物固氮是固氮菌将大气中的氮气还原成氨的过程，目前已发现的固氮菌有100多个属，可被分为三个类群：自生固氮菌、联合固氮菌和共生固氮菌。生物固氮是陆地氮素循环的重要组成部分。据估计，在一些农田土壤中，生物固氮可占作物总需氮量的35%～50%，其中以豆科植物和根瘤菌所形成的共生固氮体系固氮能力最强，固氮量占全部生物固氮量的65%以上。我国氮肥滥施现象严重，利用率较低，农业生产成本较高，环境污染严重，对生物固氮的研究和利用有更为迫切的需求。目前国内外关于生物固氮开展了多方面的工作，在土壤固氮菌群的多样性、高效固氮菌资源的开发与利用、豆科植物与根瘤菌共生固氮的分子机制及固氮酶的结构与功能等领域取得了一系列进展。

菌根是自然界中普遍存在的高等植物与微生物共生的现象。近85％的植物科属和几乎所有的农作物能够形成内生菌根，其在自然生态系统和农业生产实践中的重要作用日益受到人们的重视。菌根真菌不仅可显著增强植物对土壤磷的摄取能力，而且可协助植物适应各种逆境胁迫。菌根真菌庞大的根外菌丝网络不仅大幅度地延伸了根系吸收范围，而且对土壤理化性质产生影响，可显著促进土壤良性结构体的形成。

除了共生的固氮菌和菌根真菌，土壤中还存在着许多其他对植物有益的微生物类群，它们能够促进植物生长、提高养分吸收、增加作物产量、防治病害，是土壤微生物学和农业微生物学的主要研究对象之一。近年来，土壤益生菌的资源多样性、促生和生防机制研究有较多进展，在益生菌组学研究、益生菌与植物的信号识别和分子互作，以及益生菌的根际定殖、功能机制与调控等方面取得了实质性突破。土壤益生菌在提高养分高效利用方面的研究也受到广泛关注，研究表明益生菌可与土壤中根瘤菌和丛枝菌根真菌等产生联合效应，促进土壤养分的活化，提高植物对养分的利用效率。

土壤有机质是陆地生态系统最重要的基础物质，决定着生态系统的功能。研究表明，在土壤-植物系统碳和养分输入与输出过程中，土壤微生物群落结构、多样性以及相关代谢途径决定了土壤养分和有机质的转化积累与肥力的演变方向。只有通过对微生物代谢过程的调控，提高土壤养分库的容量和稳定性，才能增强土壤养分的持续供应能力。各种土壤逆境因子，如土壤酸化、干旱胁迫、涝害、盐害、重金属毒害、养分胁迫、土传病害等，均可抑制作物生长和发育，甚至造成作物绝收。近年来，越来越多的证据表明，微生物特别是根际微生物，在提高作物耐逆中可发挥重要作用。提高作物耐逆能力的微生物种类主要包括菌根真菌和植物根际促生菌，这些微生物可通过调控作物根系发育、激素含量、营养平衡和抗氧化能力等多种机制，提高作物抵抗土壤逆境的能力。

### （四）全球变化背景下土壤生物的响应与反馈机制

全球变化已经对自然生态系统和人类社会产生了显著影响，并在未来数十年乃至几个世纪将继续产生影响。土壤生物不仅直接参与温室气体的产生和转化，而且在土壤生态系统的结构和功能中扮演着极为重要的角色。研究土壤生物对全球变化的响应、适应和反馈机制，将为合理管理土壤、应对全球变化和促进可持续发展提供理论基础。温度升高是最主要的全球变化形式，增温可加速土壤微生物对有机质的分解，增加土壤异养呼吸。增温不仅直接影响微生物群落结构和活性，而且还可导致植被群落演替，改变凋落物的质量和数量，进一步影响地下食物网的结构和功能。由于地上与地下不同物种对增温的响应可能存在差异，增温对陆地生态系统的结构和功能可产生十分复杂的影响。地球高寒和极地区域的土壤中蕴含大量易分解有机碳库，对增温异常敏感，全球变化背景下该区域土壤碳库的稳定性和土壤生物过程的变化正日益受到国际学术界的高度关注。

全球变化与大气氮沉降的交互作用可导致植被群落结构与初级生产力发生改变，进一步引起地下生物群落结构和活性的变化，改变土壤养分循环过程。氮沉降引起的植被和土壤微生物变化还可通过食物链效应影响土壤动物的数量和分布。全球变化背景下氮沉降对土壤生物网络的长期影响是目前土壤生物学领域的研究热点和前沿。全球变暖还可引起降雨格局变化和生物入侵。降雨格局变化可以对陆地生态系统产生深远的影响，尤其在干旱、半干旱区域，降雨格局改变可以直接或间接地影响土壤微生物群落，改变地上与地下生物多样性的相互作用模式。外来物种入侵是导致物种多样性减少和自然生境退化的主要原因之一。目前对地上植被和大型动物的入侵已有许多研究，而地下生物入侵正越来越受到人们的关注。

## 三、中国土壤生物学发展概况

21世纪初以来，随着分子生物学技术在土壤生物学领域的应用与发展，国际上土壤生物学研究蓬勃发展，国家自然科学基金委员会等部门瞄准这一发展态势，在"十一五"和"十二五"期间，提出了大量具有交叉性和前沿性的研究课题，资助了一系列重大和重点研究项目，并以国家杰出青年基金为基础，支持和培养了一大批优秀中青年骨干人才，形成了一批具有战略眼光和国际研究水平的中青年学科带头人。经过 10 多年的努力，我国土壤生物学研究领域，已日益受到国际同行的关注，在某些领域接近国际先进水平。目前，土壤生物学已成为我国土壤和环境学科发展最快的分支学科之一。

过去 10 多年来，我国土壤生物学研究主要成就包括：已经形成了土壤微生物数量、组成与功能研究的基本技术体系；在研究内容方面以前所未有的广度和深度拓展，超越了传统细菌、真菌和放线菌的表观认识，围绕土壤生态系统的关键过程，在有机质分解、土壤元素转化与土壤质量保育过程等方面系统研究了土壤微生物的群落结构及其功能，取得了显著进展；形成了较为完善的土壤微生物多样性、土壤微生物结构与功能等研究理念，在土壤元素生物地球化学循环的微生物驱动机制等方面取得了重要进展；在土壤养分元素转化、全球变化与污染环境修复等方面也取得了长足发展，在土壤氮素转化为核心的微生物过程机理、土壤微生物相互作用介导的有机质降解过程、微生物与矿物相互作用、土壤—植物根系—微生物之间的相互作用、微生物过程与环境污染修复等方面均取得了重要进展，为未来我国土壤生物学发展奠定了坚实的基础。

## 四、未来发展方向和关键科学问题

鉴于土壤生物学在农业可持续发展、生态环境保护和全球变化研究中扮演着越来越重要的作用。项目组经多次讨论修正，提出了以下未来发展方向和亟须解决的科学问题。

1) 土壤生物网络与生态服务机制。土壤生物相互作用和网络结构、干扰条件下土壤生物网络与生态服务的关系、结合不同时空尺度揭示网络形成和生态服务机制，是当前土壤生物网络研究中亟须解决的关键科学问题。建议优先开展以下研究内容：①确定土壤生物网络结构的刻画与关键网络环节；②结合并发展土壤生物网络结构与生态进化理论；③调控农田土壤生物网络和生态服务；④兼顾生物网络与功能的时空尺度；⑤加强土壤生物网络和生态服务的稳定性及调控机制研究。

2）土壤微生物时空演变规律。土壤微生物群落组成、多样性及功能的时空分布格局、驱动因子和维持机制是土壤微生物生态学亟待回答的基础科学问题。建议优先开展以下研究内容：①确定土壤微生物多样性及其测度指标；②理解土壤微生物时空演变的驱动机制；③从不同的时间、空间尺度和生态学组织尺度层面研究土壤微生物时空演变的尺度效应；④充分利用我国地域广阔，蕴含丰富多样的气候带、植被和土壤类型的特点，研究不同地区自然因子及不同人为干扰对土壤微生物空间分布的影响，揭示我国主要类型土壤微生物的空间分布格局；⑤构建土壤微生物时空演变格局的理论框架和模型；⑥加强土壤微生物与植物的相互作用/共进化演变格局研究。

3）土壤生物地球化学循环的微生物驱动机制。解析土壤微生物在元素循环转化中的作用机理和过程，是深刻理解土壤元素生物地球化学循环的重要突破口。建议优先开展以下研究内容：①土壤碳、氮、磷等生源要素循环过程的微生物驱动机制；②环境因子影响土壤碳、氮、磷循环的微生物响应与反馈机制；③土壤生源要素耦合的微生物联作机制；④土壤关键生物地球化学过程的计量学。

4）提升土壤肥力的土壤微生物学机理和途径。土壤肥力性质是土壤最重要的属性。土壤生物与土壤肥力是土壤生物学的核心研究内容之一。研究土壤生物之间养分循环的协同调控机制，对于消除土壤障碍因子，提高土壤肥力和养分有效性等至关重要。建议优先开展以下研究内容：①土壤微生物与土壤养分转化和固持；②土壤微生物及微生物—根系互作与土壤酸化逆境；③生物固氮在提高氮素高效利用中的作用机制；④菌根与磷素高效利用机制；⑤土壤益生菌与养分高效利用机理；⑥拮抗菌与根系健康及养分利用。

5) 土壤生物对全球环境变化的响应与反馈机制。全球变化不仅影响地上植被生长、生理特性和群落组成，还直接或间接地影响地下生态系统结构、功能和过程。同时，地下生态过程会对全球变化产生反馈，加强或削弱全球变化给土壤生态系统带来的影响。建议优先开展以下研究内容：①土壤生物群落响应及适应全球变化的中长期定位观测研究；②温室气体产生和转化的生物学机理及其对全球变化的响应；③全球变化背景下"地上-地下"生物互作机理及其演替；④全球变化背景下土壤生物入侵的生态学效应；⑤土壤生物对全球变化多因子耦合作用的响应；⑥全球变化敏感区域土壤微生物群落和功能的演变与适应；⑦土壤生物地球化学过程与全球变化模式的融合。

6) 土壤生物与土壤污染修复。土壤污染影响着土壤生物系统的结构和功能，而土壤生物则对土壤污染产生适应、反馈调控及消纳清除作用，对两者相互作用的研究有利于发展污染土壤生物修复技术。建议优先开展以下研究内容：①土壤污染背景下微生物群落结构和多样性的演变及生态效应土壤污染的生态效应，从土壤生物种群、群落乃至土壤生态系统水平研究不同污染物及复合污染对土壤生物多样性和功能的影响及其机制；②土壤污染物的生物转化和清除机制土壤生物对土壤污染物的转化过程及机制；③病原菌和抗性基因在土壤中的分布规律与传播机制；④土壤污染的生物监测原理与技术；⑤污染土壤生物修复原理与技术。

7) 土壤生物学与土壤物理和化学的交叉发展。解析不同时空尺度条件下微生物-有机质-矿物之间的相互作用，是全面深入理解土壤中生物调控下的土壤物理和化学等过程与特性及其在生源要素和污染物质循环与转化中高层次的土壤生态服务功能的重要基础。建议优先开展以下研究内容：①微生物胞外电子传递机制；②土-水界面和根-土界面中微生物介导的物理化学反应过程与机理；③微生物驱动的矿物形成与转化；④土壤结构中生物和物理过程互作机理及其调控作用。

8) 土壤生物研究技术和野外平台建设。土壤中绝大多数的生物体积极小、肉眼不可见。因此，土壤生物学的研究几乎完全依赖于方法的突破和进展。近年来，分子生物学技术和原位表征方法的快速发展，突破了探寻土壤生物奥秘的瓶颈，但绝大多数的土壤微生物尚未被培养，其分类地位尚未确定。建议优先开展以下研究内容：①土壤生物多样性的组学研究；②土壤微生物的单细胞筛选；③土壤生物功能的原位表征技术；④土壤生物学野外联网综合研究平台；⑤土壤生物信息分析。

# Abstract

Soil is the living skin of the Earth, where numerous organisms inhabit, including bacteria, archaea, fungi, protozoa, invertebrates, arthropods, plants and higher animals. These organisms constitute a food web forming unique ecological networks which support and sustain the terrestrial ecosystem functioning. The diverse metabolic mechanisms of microbes serve as the core engines that drive the Earth's element biogeochemical cycles. Microbial activities play the key roles in soil formation, the development of soil fertility, the remediation of soil contamination, and the protection of soils from erosion and degradation. They also regulate the fluxes of greenhouse gases between the atmosphere and the soil. It is the soil microbiota that make soils highly active in energy and material exchanges with the atmosphere, the biosphere, the hydrosphere and the lithosphere. The investigations into microbial diversity and function in soils, however, have largely lagged behind historically due to methodological limitations.

Soil microbiology as a branch and a cross discipline between soil science and biology has been developed in the late nineteenth century. The development has been mainly based on the cultivation-dependent methods, including enrichment cultivation, purification and isolation, and physiological and biochemical examinations. These methods have been recognized as hallmarks in soil microbiology.

Unfortunately, they are incapable to fully explore the diversity of soil microorganisms. Inevitably, the microbial diversity and function in soils have been under-appreciated for over a century. It is until the early 1990s that the cultivation-independent techniques have been developed and applied to soil microbiology. Various techniques, based on microbial DNA/RNA analyses, like cloning and sequencing, denaturing gradient gel electrophoresis and terminal restriction fragment length polymorphism analysis were invented, providing a new dimension of soil microbiota investigations. It is now well understood that the cultivatable microbes account for only less than 1% of the total microbes in soils. To explore the diversity and function of the uncultivated organisms, the new generation of molecular technologies including high throughput sequencing and single cell technology are being developed. Novel cultivation techniques targeting the difficult-to-cultivate organisms are also under development. Overall, the beginning of the 21th century marks an unprecedent revolution of soil microbiology.

The research of soil biology in China has also been developing rapidly in recent decades. The National Natural Science Foundation of China and Chinese Academy of Sciences have initiated many large basic and applied research projects that have greatly stimulated the development of soil biology. The major research areas include biodiversity, abundance and structure of soil microbiota, microbiological mechanisms of biogeochemical cycles, biology and fertility of soils, responses and adaptations of soil biota to global changes, bioremediation of soil pollutants and contaminations. Substantial progresses have been achieved in the research topics like quantification of soil biomass, determination of the aboveground and belowground interactions, identification of key microbes responsible for C and N cycles in agricultural soils, prediction of the responses of belowground biological networks to global change across various ecosystems including Tibetan plateau grasslands and mosses. Due to the high-speed development of industries and economics in the past decades in China, the pressure of ecological and environmental sustainability has been cumulating. The natural resource per capita in China is approximately one third of the world average level. We have now facing many far-reaching challenges and problems including the shortages of soil and water resources, the deterioration of environment and ecological systems, the pressure of global change, and the sustainabledevelopment of ecological-vulnerable regions.

Soil is the most basic resource that all humans rely on for living and development and soil biomes play the key role in the processes and functioning of soils. To promote the development of soil science and soil biology in particular, The Academic Divisions of the Chinese Academy of Sciences launched the strategic research project "Soil Science and Soil Biology Development Strategy" in 2012. The project was up-scaled to a joint project between the Chinese Academy of Sciences and the National Natural Science Foundation of China in 2013. Six specific symposia have been held and more than 150 experts in the field have participated the investigations and discussions. The working team first reviewed the processes, achievements and trends of soil biology in world and in China, and then identified the key challenges for the future development.

This strategic report summarizes the major viewpoints and commentaries of the project. The priority themes and topics identified are listed as follows.

1 ) Soil biological networks and their ecological services. Different organisms form complex biological networks in soil

ecosystems. It is of great challenge to decipher the soil biological interactions, network structures, the relationships between soil biological networks and ecosystem services. It is also essential to clarify the network construction and ecosystem service development through integrating various temporal and spatial scales. The priority research topics in this field include: ① determining soil biological network structure and key nodes; ②integrating and boosting the ecological and evolutional theories; ③manipulating agricultural soil biological network and ecosystem services; ④considering the temporal and spatial scales; ⑤strengthening emphasis on the stability of soil biological network and ecosystem services. Taken together, knowledge of the structure, process and function of soil biological networks will contribute to mechanistic understanding of the terrestrial ecosystem services.

2) Spatial and temporal evolution patterns of soil microbial communities. Soil microbial community keeps evolution with temporal and spatial changes. It is essential to understand the spatial and temporal evolution patterns and the underpinning mechanisms generating and maintaining these patterns of soil microbial composition, diversity and functions in the field of soil microbial ecology. The research priorities in this field include: ① defining the soil microbial diversity and the measurable parameters; ② investigating the scaling effects of spatio-temporal evolution of soil microbial communities under different time scales, spatial scales and ecological organizational levels; ③ deciphering the distribution patterns of microbial communities in major soil types of China and their relationships to the natural environmental factors and human activities; ④ developing the theoretical framework and models of the spatio-temporal evolutionary patterns of soil microbial communities by using high-

throughput and big data analyses; ⑤ revealing the interactive and co-evolution characteristics of the below-ground soil microbial communities and the above-ground plants.

3) Microbiological mechanismsdriving biogeochemical cycles in soils. Investigation of the microbial mechanisms of soil nutrient cycling and transformation could be an important breakthrough in understanding the biogeochemical processes of soil elements. Accordingly, the following areas should be considered as research priorities. Firstly, elucidation of the microbial driving mechanisms of the cycling processes of soil carbon, nitrogen and phosphorus; secondly, study of the influences of environmental factors on the functions of soil microorganisms in nutrient cycling and the feedback mechanisms; thirdly, investigation of the coordination of the cycling processes of soil biogenic elements and the cooperation of functional microbes; fourthly, construction of the principle and methodology of stoichiometrics for the important biogeochemical processes of nutrient cycling.

4) Microbiological mechanisms and approaches for improving soil fertility. Soil fertility is the most important attribute of soil. As a major driving force of soil fertility, soil microorganisms could interact with plants and other soil organisms by responding to the environment and nutrient changes. They could also adapt to the environment by changing a series of biochemical processes. The priority research contents in this field include: ① establishing the associations between the succession of microbial community structure and microbial metabolites accumulation with soil nutrient conversion and holding; ② developing measures to control microbial community structure and function through microbial energy and carbon source regulation means, which further regulates the nutrient assimilation

rates，increases the nutrient-holding and -continued supplying capacity，reduces soil nutrient loss and improve nutrient utilization；③studying the microbial roles and mechanisms in crop resistance to acidic soil stress；④ exploring and utilizing the capacities of mycorrhizal fungi，rhizosphere PGPR，nitrogen-fixing bacteria and antagonistic bacteria to increase the crop resistance to soil environmental stress. These studies of soil microbial mechanisms and pathways could eliminate soil obstacle factors，and improve soil nutrient utilization and soil fertility.

5）Responses and feedbacks of soil biota to global change. A huge challenge of today's soil biology is to address the effects and feedbacks of soil biota to global change. It is imperative to understand and predict the effects and feedbacks of soil biota to all those changes like land use change and changes in precipitation，nitrogenous deposition and biota invasion. The priority research contents in this area are as follows：① setting up long-term experiments to observe the responses and adaptations of soil biota to global change；②elucidating the microbiological mechanisms for soil greenhouse gas productions and consumptions and determining the responses to global change；③ understanding the mechanisms of interactions between aboveground and belowground and their changes in response to global change；④ assessing the soil biota invasion and its ecological consequence under varying global change scenarios；⑤integrating and modeling the multiple-factorial and non-linear responses of soil biota to global changes；⑥ delineating the specific responses and feedbacks of soil biota and their activities in the most sensitive regions to global change；⑦linking soil biota information to the biogeochemical and earth system models.

6）Soil organisms and soil pollution. Soil pollution has become

one of the most pressing environmental problems threatening eco-
system stability, agricultural product safety and human health. Nu-
merous pollutants, such as heavy metals, organic compounds,
pathogens and antibiotic resistant genes, can greatly influence soil
ecosystem functions through their detrimental effects on soil organ-
isms. On the other hand, soil organisms can evolve various strate-
gies to adapt to the contaminated environment, mediate transloca-
tion and transformation of soil contaminants, and may have potential
for soil remediation. The priority research topics in this field in-
clude: ① eco-toxicological effects of soil pollution; ② the mecha-
nisms underlying the responses and adaptation of soil organisms to
soil pollution; ③ the principles and technologies for bioremediation
of contaminated soils; ④ biological monitoring of soil pollution;
⑤ distribution and transmission of pathogens and antibiotic resistant
genes in soils.

　　7) Interdisciplinary development of soil biology, soil physics and
soil chemistry. Making clear the interaction among soil microorganisms,
organic matter and minerals at different spatial-temporal scales is the cu-
rial basis for better understanding of the microorganism regulated soil
physical-chemical processes and characteristics, and their ecological func-
tions served in cycling and transformation of biogenic elements and pollu-
tants. The priority contents for further research include: ① the mecha-
nisms of microbial extracellular electron transfer involved in soil bioelec-
trochemical reaction; ② the soil microorganism mediated physical-chemi-
cal reactions and processes, and the mechanism involved; ③ the forma-
tion and transformation of minerals driven by microorganisms; ④ the in-
teractive processes, and regulative mechanism between soil structure and
soil microorganism.

　　8) Development of novel methodology and long-term field ex-

perimental platforms. Soil biology relies heavily on methodology and technology advance. The key scientific questions and the priority research topics in this field include: ① omics-based interpretation of soil biodiversity and function; ② metabolism of soil organisms at single-cell level; ③in-situ visualization and probing of soil biodiversity and function; ④ long-term field observatory network for comprehensive study of soil organisms; ⑤ soil bioinformatics.

# 目　录

# 第一章
# 学科发展任务和战略地位

## 第一节　土壤生物学的研究任务与意义

　　土壤生物包括细菌、古菌、真菌、原生动物和无脊椎动物等，其多样性极其丰富。土壤生物学是研究土壤中生物种类、多样性与组成结构，土壤生物与生物之间以及土壤生物与环境之间的相互作用，土壤生物在碳、氮和生源要素循环、土壤肥力形成与培育、全球变化与对策以及环境污染修复中作用的科学。

　　土壤生物在陆地生态系统中的功能包括：降解有机质、驱动养分循环、转化各种污染物质、产生和消耗温室气体等。土壤生物还是陆地生态系统各种物质循环的驱动者，是土壤肥力形成和持续发展的基础。生态系统服务是指自然生态系统及其物种所提供的能够满足和维持人类生活需求的条件和过程，土壤生物在土壤生态系统功能和服务中扮演着关键角色。如图 1-1 所示，土壤中的生物种类繁多、数量巨大。目前已知每克土壤中微生物的数量可达几十亿个，而每立方米土壤体积中生物种类可达几百万种，被公认是地球系统生物多样性最为复杂和丰富的环境。正因如此，土壤成为地球系统物质转化最为活跃的圈层，土壤圈被认为是大气圈、水圈、岩石圈和生物圈之间相互作用的枢纽。如图 1-2 所示，土壤生物常被称为养分转化器、生态稳定器、污染净化器、气候调节器和菌种资源库，在人类生产和生活中发挥了重要作用。土壤中发生的各种生物地球化学过程影响和调控着粮食供给和安全性、土壤的退化和修复、水土资源的保持和保护、全球气候变化、污染物的迁移转化，进而影响着人类社会的可持续发展。我国在过去 30 多年的经济发展中

图 1-1　土壤生物的多样性

注：土壤常被认为是地球生物多样性最丰富的环境，其主要类群包括细菌、古菌、真菌、藻类、原生动物、蚯蚓和昆虫等，每克土壤中生物个体总量高达数十亿，个体大小从微米到厘米。这些种类各异、数量巨大的生物，形成了一个活的生命体，构成了地球"活的皮肤"，维系了人类的生存与社会可持续发展

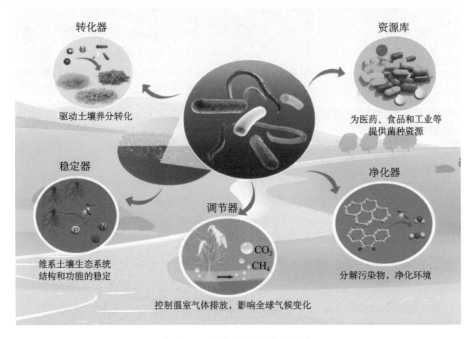

图 1-2　土壤生物的社会功能

注：土壤生物与人类社会和经济可持续发展息息相关。土壤生物常被认为是养分转化器，维系作物生长和粮食安全；生态稳定器，推动陆地生态系统的物质循环和能量流动；污染净化器，降解和转化外源污染物，维护土壤健康；气候调节器，控制温室气体排放并影响全球气候变化；菌种资源库，为工农业生产提供了菌种资源

取得了巨大成就，但存在经济发展和环境保护不平衡的问题。当前，粮食安全、环境污染、淡水资源紧缺、生物多样性锐减等各种问题并存，解决我国的可持续发展问题已迫在眉睫。土壤生物学的研究与发展可为我国生态环境的可持续发展提供基础理论和技术途径。

# 第二节　土壤生物学的学科战略地位

## 一、我国土壤科学发展的需要

我国经济社会高速发展对资源与环境造成的压力，已成为制约国民经济、社会可持续发展的巨大障碍。我国人多地少，人均土地面积和耕地面积约为世界平均水平的三分之一。土壤资源所承受的压力尤为突出。经济发展伴随城市化过程及与之相关的土地利用变化导致我国土壤资源的负担越来越重，在一些地区，土壤污染与退化过程已经濒临不可挽回。保护土壤资源，保障其可持续利用已刻不容缓。

当今我国土壤科学的研究任务既需要面对粮食安全问题的挑战，也需要聚焦生态环境的诸多领域。土壤生物学研究可为解决土壤科学面临的重大挑战提供新的思路和方法。挑战性的科学问题具体如下：

1) 土壤生物与土壤肥力。有机质和生源要素（碳、氮、磷、钾、硫、铁等）是土壤肥力的物质基础。土壤生物是土壤中元素转化和循环的驱动者，对土壤养分供应起关键作用。土壤生物的生命活动促进土壤良好结构的形成，从而协调土壤水、热、气状况。因此，通过解析土壤生物参与土壤有机质和生源要素循环以及土壤结构形成的过程，科学发挥地下生物功能将成为提高土壤肥力和生产力的突破口。

2) 土壤生物与全球变化。$CO_2$、$CH_4$ 和 $N_2O$ 是温室气体的主要贡献者，是造成全球气候暖化的主因。土壤是温室气体的重要来源，温室气体的产生是土壤生物主导的过程。同时，通过微生物固碳缓解温室效应的潜力不可小视。全球气候变化受到土壤生物的调节，而土壤生物对全球变化的响应决定着土壤中的碳氮流。因此，增进理解土壤中温室气体产生的生物学机制、土壤生物对全球变化的响应与反馈机制，将为预测全球变化及其对生态系统功能的影响，以及调控全球气候变化进程提供重要依据。

3) 土壤生物与污染土壤修复。土壤污染是一个世界性环境问题。日益严峻的土壤污染给人类健康带来了严重威胁，且已成为影响农业可持续发展的重大障碍。土壤生物（土壤动物、微生物和植物根系）通过自身的生命代谢活动，如分泌有机物质络合/沉淀重金属、分泌胞外酶降解/转化有机污染物，能使污染土壤部分或完全恢复到原初状态。阐明污染土壤生物修复的过程与原理，并对土壤污染进行生物诊断与生态风险评价，是土壤科技发展的必然选择，也是社会经济可持续发展的必然需求。

4）土壤动物与生态功能。土壤动物通过食物网和土壤动物-微生物-植物互作维持着多种生态功能，成为生态系统中物质循环和能量流动的关键环节，是维持陆地生态系统正常结构和功能不可缺少的组成部分。深入了解多时空尺度上土壤动物与生态功能关系，对全面揭示土壤生态过程与功能具有不可或缺的意义。

5）根际微生物过程。根际是植物-土壤-微生物之间物质交换的活跃界面。由于植物根系分泌物供给根际微生物丰富的营养和能源物质，根际微生物在数量和种类上都比非根际多，其代谢活动也更旺盛。因此，土壤中微生物参与物质转化与能量流动的生态过程，如有机质分解与合成、生物固氮、养分循环、污染物生物修复等，其大部分都通过根际微生物完成。根际微生物过程研究对于揭示地下生态系统的科学规律、提高土壤养分利用效率和土壤生产力、实现土壤可持续利用具有重要意义。

6）土壤生物与其他土壤分支学科的交叉。目前，土壤科学研究的多学科交叉方法与趋势正在不断增强，新兴土壤学研究方向和分支学科的诞生和涌现得益于与土壤学内部分支学科的融合和土壤学与其他基础科学的渗透融合。土壤生物学与土壤物理学交叉可为解答土壤结构的形成与稳定机制、土壤微环境异质性等提供重要线索。土壤生物学与土壤化学交叉推动了对土壤有机质与养分转化规律与机制的深入理解。土壤生物学与土壤矿物学交叉为阐明生物成矿过程、土壤界面过程等提供了新的研究视角。土壤生物学与土壤地理学交叉可揭示土壤微生物地理分布格局（区域和全球尺度）及其形成机制与演变过程。因此，土壤生物学已成为各学科交叉融合的活跃领域，它将成为现代土壤科学理论和方法突破的驱动力。

## 二、我国土壤生物学发展在国际竞争中的地位

近20多年来，分子生物学技术的发展与应用彻底改变了传统土壤生物学研究的理念与方法。20世纪后半叶，美国科学家伍斯提出细胞的核糖体RNA序列可作为生物进化的分子计时器，创立了生命三域理论，为地球生物多样性的系统研究提供了全新视角。基于伍斯的理论，20世纪90年代土壤

微生物学家发展了基于 16S rDNA 测序的分子生物学研究技术，并被迅速应用于各种土壤生态环境问题的研究。16S rDNA 就像"活"化石，使人们认识到土壤中蕴含着巨大的生物多样性，是地球系统微生物"暗物质"的重要组成部分。为进一步探测土壤生物的生态功能，21 世纪初以来，各种新的研究方法不断涌现，从基于 16S rDNA 序列分析的各种方法，到稳定同位素探针技术和环境元（宏）基因组学技术，爆发了一场探索土壤微生物种类和功能的革命。使土壤微生物学迅速成为土壤学、生态学、微生物学和环境科学等学科最为活跃的交叉发展前沿。土壤生物学研究也已成为各国政府与科研管理部门高度关注的议题，当今，土壤生物功能与过程的研究已经成为地球科学与生命科学新兴交叉的系统科学前沿。

为推进这一研究领域的发展，欧美等发达国家或地区相继启动了一系列土壤生物学研究计划。2003 年，德国科学基金会（DFG）启动了陆地生态系统微生物的交叉研究中心，重点开展土壤微生物的相互作用及其环境适应性研究，侧重于从传统的微生物学、生物化学和遗传学角度进行研究。在此基础上，又于 2007 年投资 1000 万欧元，启动了 DFG 土壤生物相关的战略优先项目，重点针对复杂土壤体系中关键过程的土壤生物机制研究。2008 年，英国著名研究机构约翰·英纳斯中心联合英国东安吉拉大学，成立了地球与生物系统科学中心，主要开展土壤生物多样性及其功能开发研究。2008～2010年，美国和欧盟等土壤学和微生物学专家相继在法国里昂、瑞典乌普萨拉、美国西雅图和华盛顿等地召开土壤生物多样性主题会议，提出了土壤宏基因组研究计划，并获美国国家科学基金会和法国国家科研署等资助，该计划重点针对野外长期定位土壤进行宏基因组测定，深度认知和开发土壤生物系统功能。2011 年，美国能源部联合基因组研究所联合澳大利亚昆士兰大学，成立了澳大利亚生态基因组中心，重点围绕土壤生态系统，开展微生物地球计划。2011 年，美国阿贡国家实验室的科学家，启动了地球微生物计划，计划在全球范围内收集 20 万份样品，测序 50 万基因组，并把测序结果建成一个可视化的数据库。2013 年 12 月，美国微生物科学院出版了《微生物如何帮助养活世界》一书，强调土壤微生物调控能够实现作物增产 20%，并使化肥与杀虫剂投入减少 20%，是未来环境友好、经济可行的绿色农业新出路。2014 年 3 月，国际著名刊物《自然—生物技术》重点报道了农业科技的最新动向，美国孟山都农业生物技术公司与全球最大的酶制剂制造商诺维信联合成立了"生物农业联盟公司"，旨在改变传统的农业增产模式，从地上部分植物农业性状改良的单一研究和生产，转为更多地关注土壤生物过程及其相互作用，开发更加高效的微生物和酶制剂，帮助农民降低农业化学品投入，发展高效、高产和高品质的农业生产。纵观国际发展态势可以看出，国际上土壤生物学领域无论是基础研究还是应用研究都在迅猛发展。

在国际上土壤微生物学蓬勃发展之际，"十一五"以来国内主要土壤学研究单位抓住机遇，瞄准土壤生物学前沿问题，提出了大量具有交叉性和前沿性的研究课题。国家自然科学基金委员会在 2005～2013 年资助了一系列土壤生物学相关的重点项目、重大项目、杰出青年基金和优秀青年基金项目。过去 10 多年来，我国土壤生物学在研究方法方面取得了快速发展，已经形成了土壤微生物数量、组成与功能研究的分子生态学技术体系。在土壤元素生物地球化学循环的微生物驱动机制等方面取得了显著进展，在土壤微生物量为基础的表观动力学过程研究、微生物与矿物相互作用、土壤-植物根系-微生物之间的相互作用、微生物过程与环境污染修复等方面均取得了一定进展。但整体上，与国际土壤生物学发展状况相比，仍有一定差距。主要体现在整体研究力量还较薄弱，缺乏高水准研究平台，许多项目以跟进研究为主，原创研究较少；科研人员尚难以在一个问题上开展长期深入的研究，对一些重大基础科学问题缺乏足够的研究积累。因此，我国土壤生物学研究领域需要凝聚力量，针对我国社会经济和生态环境中出现的问题，开展前沿研究，为土壤资源保护、生态环境管理和可持续发展提供理论基础。

# 第二章

# 学科发展历程与态势

## 第一节　土壤生物学发展的概要回顾

　　土壤生物学是从 19 世纪中叶发展起来的一门生命科学和地球科学交叉的分支学科。当时，欧洲各国的科学技术进步使微生物研究手段产生了突破性进展。显微镜技术、灭菌技术、培养和分离技术等关键研究手段均在 19 世纪后期形成和完善。基础化学和微生物学的发展推动了土壤微生物学的迅速发展。通过对土壤中有机质分解、硝酸盐形成机制和植物氮素营养的研究，人们认识到微生物在土壤肥力和植物营养中的重要作用，揭示了微生物在有机质的厌氧降解和土壤硝化过程中的作用，并证明了豆科植物根瘤的固氮作用。在 19 世纪后半叶发现和分离出根瘤固氮菌，分离和培养了硝化细菌，揭示了硝酸盐形成过程并提出微生物自养作用等理论。从多方面揭示了土壤生物多样性及其重要功能。土壤微生物研究空前活跃，使得土壤微生物学在 20 世纪初成为一门独立的学科。

　　土壤生物学的发展始终依赖于方法和技术的进步。如图 2-1 所示，显微镜的发明和分离培养技术的发展奠定了 20 世纪土壤微生物学的基础，使得人类认识到土壤中存在大量的、肉眼不可见的微小生物。但直到 20 世纪 90 年代，人类才开始渐渐认识到土壤中丰富的微生物多样性和功能。美国科学家伍斯于 90 年代初提出了生命三域理论，并被迅速应用于土壤和环境微生物研究，使人们认识到过去所了解的微生物种类只是实际存在的冰山一角，自然界存在一个巨大的微生物"暗物质"，是物质转化的"黑匣子"。为探测土壤微生物的群落多样性和生态功能，21 世纪初以来，各种新的研究方法迅速发展，从基于 16S rRNA 基因序列分析的各种方法，到稳定同位素探针技术和环境基因组学，爆发了一场探索土壤微生物种类和功能的革命。这使得土壤微生物学迅速成为土壤学、生态学、微生物学和环境科学等学科最为活跃的交叉发展前沿。现代土壤生物学的研究正在为阐明地球系统的生源要素循环，促进土壤资源的可持续利用，理解全球变化及影响，发展污染环境的生物修复技术提供强有力的科学依据和手段。

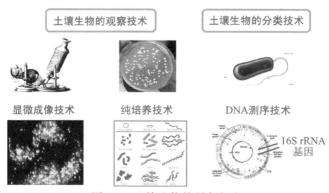

图 2-1　土壤生物的研究方法

注：先进的观察与分类方法推动了土壤生物学研究。荷兰人列文虎克在 1673 年发明了显微镜，首次观察到了微小的生物世界；1881 年德国科学家科赫发明了培养基，首次获得了形态各异的微小生物；1977 年美国科学家伍斯发现 rRNA 基因可作为微生物分类的依据，发现了土壤中高达 99％的难以培养的微生物

# 第二节　土壤生物学的发展态势分析

## 一、土壤生物多样性和时空变异规律

随着分子生物学技术的发展和应用，人们对土壤生物多样性的认识不断发展。门（Phylum）是生物分类的最高分类单元，20 多年前，学术界认为地球原核生物可分为 14 个门，目前海量的环境基因组数据表明环境中原核生物的种类在 100 个门以上。而土壤含有最为复杂和多样的微生物种类。20 世纪 90 年代初，人们推测 1 克土壤样品中包含 7000 种不同的原核生物物种。实际上，到 21 世纪初，基于大量数据的统计学模型预测显示，1 吨土壤中可包含 400 万种不同的原核生物物种。为便于快速鉴定微生物群落的多样性和结构特征，土壤微生物学家发展了许多基于生物标记物指纹图谱的分析方法，

如磷脂脂肪酸分析、限制性片段长度多态性分析、变性梯度凝胶电泳和温度梯度凝胶电泳等。至今，以 16S 或 18S rRNA 基因为基础，围绕不同地域或不同土地利用类型（如农田、草地和森林），土壤微生物学家开展了大量微生物群落结构和多样性的研究。对于土壤中特殊功能的微生物类群，则采用功能基因作为分子标记物，开展了功能基因多样性和微生物群落结构的研究。这些研究为揭示土壤生物多样性形成和维护机制、阐明土壤生物多样性及其生态功能奠定了基础。

一直以来，对微生物是否存在一定的时空分布格局尚存争论。土壤微生物生活于土壤之中，而土壤随着自然地理条件的变化显示出明显的水平和垂直地带性分布特征。那么，土壤微生物群落组成、多样性及功能如何随土壤时空环境条件变化而表现出时空分布格局，是什么机制驱动和维护着这些时空分布格局，是土壤生物学和微生物生态学亟待回答的问题。应用分子生物学技术的研究表明，土壤细菌、菌根真菌及土壤动物的全球分布都受到气候、土壤及植被环境等的影响，即它们存在时空演变规律。生态学中一个存在已久的观点是物种丰富度由热带到寒带逐渐降低。由于缺乏在全球尺度上的数据，土壤生物的全球地理分布仍不确定。尽管不同区域土壤的微生物群落组成存在差异，但土壤微生物不像植物那样具有明显的"植物气候带特征"。这也暗示了全球尺度上地上与地下生物多样性的耦合程度的复杂性，可能这两者多样性的驱动机制是不同的。

土壤生物在不同的时间尺度上都发生变化，跨度可以从时、天、季节，到几十年乃至上千年。在短时间内，微生物群落的驱动因子具有短暂性特点，并可引发微生物的快速响应。例如，最近的研究发现，在经历了长期的干旱之后，降水导致的土壤含水量增加，可在短时间内（在几分钟到几个小时或者几天）促使某些微生物复苏并持续增多。同样，根系分泌物的释放也驱动了土壤生物短期的动态变化。土壤生物群落也存在季节性变化，以及在成百上千年的时间尺度上的连续变化。这主要是由土壤湿度、温度和植物生长相关的养分供应变化驱动的。针对高山生态系统的研究表明，夏季和冬季的微生物群落具有截然不同的分类群和功能群；在农田土壤中，土壤微生物群落的季节性变化也极为复杂，随土地利用方式、作物种类和年际变化而变化。

## 二、土壤生物与元素生物地球化学循环

土壤中碳、氮、磷、硫、铁等生源要素的生物地球化学循环影响到地球各圈层间物质交换的动态平衡和稳定性，是土壤生物学领域的前沿研究方向。

土壤生物介导的生物地球化学过程不仅取决于土壤生物的生物量周转过程，而且与土壤生物所拥有的特殊代谢途径紧密相关。这些特殊代谢模式包括：铁、硫和硝酸盐的厌氧呼吸作用，铁、硫和氨的化能无机营养作用，有机物质的发酵、厌氧氧化和产甲烷作用等。不同微生物类型通过完成这些代谢而获得能量需求，这些代谢系统是驱动土壤中相关元素转化与循环的引擎。近10多年来，国内外在土壤碳、氮、铁等元素的生物地球化学研究领域取得了一系列重要进展。

碳循环是近年来备受关注的土壤学基础科学问题之一，土壤中有机物质的转化、分解和积累不仅直接影响土壤肥力的发展和演化，而且影响全球碳循环、温室气体排放和气候变化。国内外开展了大量土壤呼吸及其影响因子的研究，揭示了土壤-植物系统光合同化碳的转移分配规律，并在不同地理气候区域开展了大量土壤碳循环的模型模拟研究。揭示了参与土壤碳循环的关键微生物群落结构和机理。例如，在微观尺度下，研究发现稻田土壤中存在微生物介导的土壤碳周转过程。如图 2-2 所示，紫色光合细菌等微生物，可利用小分子有机酸（如甲酸）快速生长，其代谢产物或细胞残体可进一步被

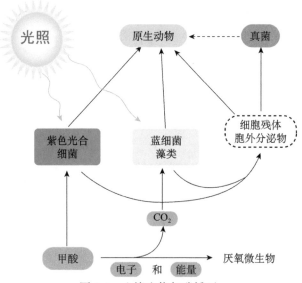

图 2-2    土壤生物与碳循环

注：土壤生物维系着陆地生态系统碳循环。在光照条件下，紫色光合细菌利用小分子有机酸（如甲酸）快速生长，同时产生的 $CO_2$ 刺激蓝细菌和藻类的生长，这些微生物的代谢产物和细胞残体作为食物，可进一步被原生动物和真菌利用，形成了由下至上的土壤微生物食物网，促进了土壤有机碳和能量的循环，维系着土壤生产力的可持续发展

真核生物（如原生动物和真菌）所利用，驱动了微域尺度下土壤碳的良性循环。在全球变化背景下，土壤呼吸通量的响应和演变尤其受到学术界的关注，一些大尺度的模型模拟表明，全球范围内近 20 年来，陆地 $CO_2$ 排放通量的增加与气温增加呈显著正相关，但不同区域 $CO_2$ 排放通量对温度的敏感性保持高度一致。这些研究结果暗示，土壤微生物呼吸（$CO_2$ 排放）对全球气候变化的响应存在普适性规律。

在缺氧土壤（如湿地和水稻土）中，有机物质发生厌氧降解，形成甲烷作为最终产物。由于甲烷是重要的温室气体之一，近 20 年来，学术界针对缺氧土壤有机质降解和甲烷产生机理开展了许多研究，在产甲烷微生物的研究方面取得了一系列突破。欧美科学家针对北半球湿地特别是泥炭沼泽地的甲烷产生和排放机理开展了系统研究，通过分子生物学和传统分离培养相结合的方法，探明了北半球典型酸性泥炭土中起关键作用的产甲烷古菌群落。德国、日本和我国科学家则对水稻田的产甲烷过程机理开展了大量研究，发现在水稻土中起关键作用的并非传统菌群，而是一类新型产甲烷古菌，对该类古菌的分离培养突破了产甲烷古菌的传统分类体系，为调控稻田甲烷产生和排放提供了理论基础。

氮是生命必需的营养元素，土壤氮生物地球化学过程与农业生产紧密相关。如图 2-3 所示，土壤氮的生物转化由固氮作用、硝化作用、反硝化作用、氨化作用等过程组成，其中氨氧化是农业土壤中氮循环的关键环节。近年来，国际上氨氧化研究的一个重要突破是发现和分离培养了氨氧化古菌。长期以来细菌被认为是氨氧化过程的唯一执行者，氨氧化古菌的发现突破了该传统理论。对分离培养的氨氧化古菌的研究表明，尽管它们具有氧化铵离子或游离氨的能力，但在细胞内未检测到中间产物——羟胺，表明氨氧化古菌拥有一套不同于氨氧化细菌的特殊代谢途径。同时，大量田间和实验室的模拟实验表明，氨氧化古菌在某些特殊土壤条件下，如酸性土壤氨氧化中起主导作用。土壤古菌参与氨氧化过程的发现不仅改变了细菌介导氨氧化过程的传统观点，而且引发了更多的基础理论研究和思考，对氨氧化古菌生态功能的探寻已成为目前微生物氮循环过程的研究热点之一。

除碳、氮以外，国内外对磷、铁、硫等元素的微生物转化过程和循环也开展了大量研究。菌根真菌是陆地生态系统最典型的植物-微生物共生体系，有研究表明在森林和草原土壤系统，菌根真菌不仅在土壤磷素转化和移动方面起着极端重要的作用，而且在碳氮循环中也扮演着重要角色。土壤中铁硫循环由特殊微生物菌群介导，如铁还原菌必须具备胞外电子传递的能力。铁

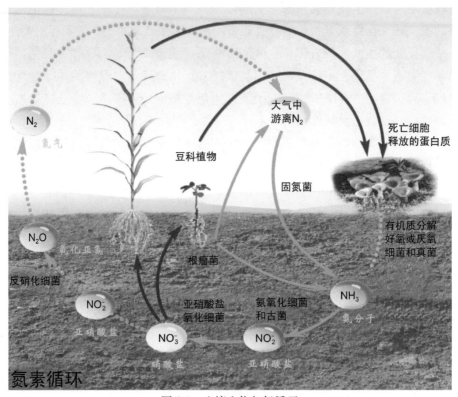

图 2-3　土壤生物与氮循环

注：土壤生物维系着陆地生态系统氮循环。大气中的非活性氮素，可被土壤固氮菌包括豆科植物的根瘤菌所固定，活性氮素随即可被植物或其他生物所利用，这些生物的细胞残体进一步被微生物矿化，形成氨分子并通过微生物的作用产生氮氧化物，包括亚硝酸盐、硝酸盐和 $N_2O$，其中的硝酸盐极易被植物根系吸收，也可被微生物反硝化还原为 $N_2$ 进入大气，完成氮循环

硫循环往往与碳氮转化联系在一起，目前国际上的一个发展趋势是针对土壤碳氮铁硫磷元素的耦合过程机理开展系统性研究，这些新的研究趋势无疑更符合"土壤-微生物"复杂体系相互作用的实际情景。

## 三、土壤生物与土壤肥力

农田土壤生物多样性对地力的影响具体表现在对土壤有机质分解和周转、腐殖质形成、土壤养分循环、重金属等污染物的转化和清除，以及土壤结构和质量演变等方面的影响。有学者认为，土壤生物多样性的丢失是导致生态系统对环境胁迫抵御能力下降、引起生态系统功能退化的直接原因。研究表明，土壤生物多样性能提高土壤对非生物因子胁迫和扰乱的抗性，增强植物对土传病害的抵御能力，通过提高土壤养分和水分利用效率而促进土壤肥力发展，如土壤丛枝菌根多样性的增加能提高土壤磷素的利用效率。因此，土壤生物多样性对土壤生产力的作用机制，是近年来土壤肥力研究的热点。

有机质含量是农田土壤肥力的最基本构成要素，在微生物的驱动下，土壤有机质始终处于积累与降解的动态平衡之中。国内外对农田生态系统有机物的种类和数量进行了大量研究，但直到最近才对有机物降解和积累的微生物学机理开展深入研究。如图 2-4 所示，作物残体是进入农田的主要有机物形式，作物残体由不同的生物多聚体包括纤维素、半纤维素和木质素组成。不同作物残体由于化学组成和结构的差异，其降解过程存在明显差异。研究表明，植物残体降解的微生物群落存在时空变异规律。例如，水稻残体降解时，发酵过程发生在残体表面，而产甲烷过程发生在残体周围的土壤。旱作条件下，小麦残体降解细菌的群落结构亦随时间发生演变，而且多样性随降解进程而增加。用稳定同位素探针技术对小麦秸秆残体的降解研究发现，一些目前尚未培养的细菌在秸秆降解过程中起主要作用。这些研究显著拓展了人们对农田土壤有机质降解机理的理解，为探究农田土壤有机物质的降解和积累规律，发展有机质积累和土壤肥力培育的管理技术奠定了基础。

图 2-4  土壤生物与肥力

注：土壤生物是植物残体等有机质降解的主要驱动力。土壤中动植物残体的化学结构复杂，并随着空间、时间和土壤类型具有显著差异。在土壤微生物的作用下，这些复杂有机聚合物可被降解为简单的小分子物质，进一步通过矿化、呼吸等生物过程，提高土壤无机营养供给水平，包括氮磷钾等，促进植物生长，实现农业可持续发展

　　根际是土壤-植物生态系统物质交换的活跃界面。植物作为初级生产者同化大气 $CO_2$，将部分光合产物转运至地下，激发土壤微生物的生长和新陈代谢；土壤微生物则将有机态养分转化成无机形态，供植物吸收利用。这种植物-微生物的相互作用维系和主宰着陆地生态系统的功能。近年来，根际微生物研究出现快速发展的趋势。根系分泌物是驱动根际微生物多样性和功能的最主要因素，碳同位素示踪研究表明，禾谷类作物有 30%～60% 光合同化产物转运至地下，其中的 40%～90% 以有机和无机分泌物形式释放到根际。根系分泌物的成分和数量受作物种类、年龄、土壤化学和物理因子的影响。对土壤肥力产生直接影响的根际微生物包括固氮菌、菌根真菌和根际促生菌（PGPR）等。生物固氮是陆地氮素循环的重要组成部分，目前国内外关于生物固氮开展了多方面的研究工作，在土壤固氮菌群的多样性、高效固氮菌资源的开发与利用、豆科植物与根瘤菌共生固氮的分子机制及固氮酶的结构与功能等领域取得了一系列进展，固氮菌研究将有助于解决因氮肥施用过量引起氮素利用率低、农业生产成本高和环境污染严重的问题。菌根是陆地生态系统中普遍存在的高等植物与微生物共生的现象，近 85% 的植物科属和几乎所有的农作物能够形成内生菌根，其在自然生态系统和农业生产实践中的重要作用日益受到人们的重视。菌根真菌不仅可显著增强植物对土壤磷的摄取能力，而且可协助植物适应各种逆境胁迫。根际促生菌通过产生特殊代谢产物对植物根系生长起调控作用，它们能够促进植物生长、提高养分吸收、增加作物产量、防治病害，还可与土壤中根瘤菌和丛枝菌根真菌等产生联合效应，促进土壤养分的活化，提高植物对养分的利用效率，是土壤微生物学和农业微生物学的主要研究对象之一。近年来，根际促生菌的资源多样性、促生和生防机制研究有较多进展，在促生菌组学研究、促生菌与植物的信号识别和分子互作，以及促生菌的根际定殖、功能机制与调控等方面取得了一系列进展。通过对根际关键性微生物进行综合调控，以稳固提升农田尤其是中低产田的土壤肥力，是当前土壤科学研究领域的一个重要挑战。

## 四、土壤生物与全球变化

　　全球变化已经对自然生态系统和人类社会产生了显著影响，并在未来数十年乃至几个世纪将继续产生影响。土壤生物不仅直接参与温室气体的产生和转化，而且在土壤生态系统结构和功能中扮演着极为重要的角色。如图 2-5 所示，微生物是湿地甲烷的唯一生物源，据估算，湿地甲烷排放占全球总量的比重最高可达 20%。研究土壤生物对全球变化的响应、适应和反馈机制，将为合理管理土壤、应对全球变化和促进可持续发展提供理论基础。

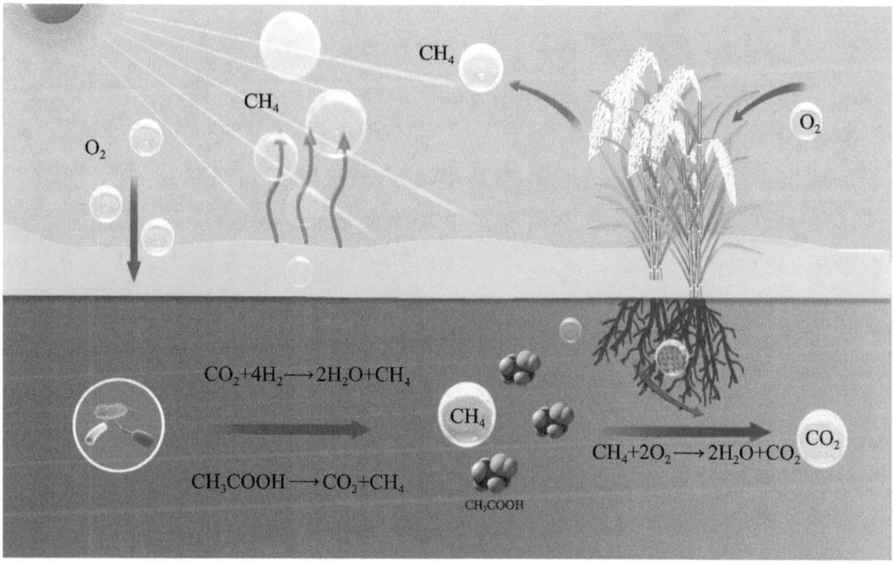

图 2-5　土壤生物与全球变化

注：湿地甲烷排放包括以下过程，微生物将土壤中的乙酸或者 $CO_2$ 和 $H_2$ 转化为甲烷。这些闭蓄在土壤中的甲烷，以冒泡的形式逸出水面，进入大气圈，也可通过植物的气腔组织进入大气。同时，大气中的 $O_2$ 可溶解于水面并扩散至土壤，促进微生物甲烷氧化，也可通过植物的气腔组织进入根系，形成根际泌氧微域氧化甲烷，实现湿地甲烷减排

根据政府间气候变化委员会（IPCC）的估计，近 100 年来，全球平均气温增加了 0.74℃（0.56～0.92℃），预计到 21 世纪末，平均气温还将继续增加 2～4℃。温度升高可加速土壤微生物对有机质的分解，增加土壤异养呼吸和 $CO_2$ 排放，对全球变暖产生正反馈作用。增温不仅直接影响微生物群落结构和活性，而且还导致植被群落演变，改变凋落物的质量和数量，进一步影响地下食物网的结构和功能。由于地上与地下不同物种对增温的响应存在差异，预计增温对陆地生态系统的结构和功能将产生十分复杂的影响。

除升温外，全球环境变化还表现在大气氮沉降、降雨格局变化和生物入侵等。氮沉降通常有利于生长速率快和生产力高的物种，全球变化与大气氮沉降可导致植被群落结构与初级生产力的改变，继而影响地下生物群落结构和活性，改变土壤养分循环过程。氮沉降引起的植被和土壤微生物变化还可通过食物链效应影响土壤动物的数量和分布。全球变化背景下氮沉降对土壤生物网络的长期影响目前尚缺乏足够理解，值得未来研究进行关注。降雨格局变化可以对陆地生态系统产生深远的影响，尤其在干旱半干旱区域，降雨

格局变化可以直接或间接地影响土壤微生物群落，研究降雨格局变化对土壤生物群落及其生态过程的影响，对于准确预测干旱半干旱区域生态系统对未来气候变化的响应和反馈具有十分重要的意义。外来物种入侵是导致物种多样性减少和自然生境退化的主要原因之一。目前对地上植被和大型动物的入侵已有许多研究，但对地下生物的入侵及其影响了解较少。

陆地生态系统的某些区域由于其生境的特殊性而对全球变化特别敏感，这些区域主要分布于气候边界地带、生态脆弱地带、海陆交界地带、赤道地带以及极地地带等。例如，地球的极地和其他高寒生态系统，由于生物降解速率缓慢，土壤中储存了大量易分解有机碳，但该区域的气候变暖速度明显高于地球平均水平，因此其碳库的稳定性正受到严重威胁。研究表明随着气候不断变暖，高寒冻土活动层加深，土壤性质发生剧烈改变，引发倍增的水文循环效应，使土壤异养呼吸和 $CO_2$ 排放显著增加。随着冻土融化，微生物群落结构、系统发育、功能基因和代谢途径都发生了改变。全球变化背景下极地和其他高寒区域土壤碳库的稳定性和微生物群落的动态变化已日益受到国际学术界的关注。针对全球变化敏感区内的土壤生物学研究有助于预测全球气候变化背景下不同敏感区域的生态演变过程和影响，为敏感区域的可持续发展提供科学依据。

## 五、土壤生物与污染修复

根据 2014 年中国环境保护部和国土资源部的调查公报，目前全国土壤总的污染点位超标率为 16.1%，耕地土壤点位超标率达 19.4%，土壤污染形势十分严峻。传统的污染物主要指各类重金属和持久性有机污染物，近年来生物污染和抗生素污染作为新型污染物日益受到人们的关注。我国是畜禽养殖大国，由于大量畜禽粪便未经无害化处理直接施入农田，抗生素类污染日益凸显。土壤污染会影响土壤生物系统的结构和功能，而土壤生物则对土壤污染产生适应和反馈调控。基于土壤污染和土壤生物群落之间相互作用的研究主要聚焦在三个方面，即土壤污染的生态毒理效应；土壤生物对土壤污染的响应与适应；污染土壤的修复原理与技术。

生态毒理效应主要指污染物对生物个体、种群乃至生态系统结构和功能的影响。在生物个体水平，目前主要以典型模式生物为对象，采用基因组学、蛋白组学和代谢组学等技术研究有毒污染物的毒性机制，揭示污染物对生物细胞的作用位点和方式，解析其毒性过程和调控途径。从生物个体的毒理效应延伸至种群、群落乃至生态系统水平，探究其生态毒理效应的演化过程是土壤污染和生态毒理学研究所面临的重要挑战。在污染物与土壤生物的相互作用过程中，不同生物类群可表现出抗性和解毒机制，即是土壤生物对土壤污染的响应与适应。例如，对于重金属类污染物，微生物可通过泌出、吸附以及细胞外的沉淀作用降低其生物有效性，通过氧化、还原、甲基化和去甲基化作用改变污染物的化学形态和毒性。真核微生物还可在细胞内形成分隔化，隔离重金属污染物，一些微生物可合成专一性金属结合蛋白钝化重金属，相关研究一直是环境生物技术领域的热点。

发展污染土壤的修复技术是土壤污染研究的重要目标。传统的修复技术主要依靠物理化学方法将污染物去除或稳定化，这些方法存在高能耗、高费用、二次污染等问题。因此，基于植物或微生物资源的生物修复技术日益受到人们的关注。生物修复在概念上指利用生物的代谢活动及其代谢产物降解或清除有毒有害污染物的过程。生物修复的基本方法是利用特殊的生物种类净化污染土壤，如通过种植或接种具有降解和富集能力的植物或微生物，达到减少或清除土壤中污染物的目的。另外，通过施加生物活性物质，刺激和促进土著微生物的生长和增殖，发挥其分解或钝化污染物的作用，也可达到净化污染土壤的目的。近年来，我国土壤污染问题日益凸显，已引起国家、地方政府和普通百姓的极大关注。国家已明确规定，污染土壤在重新利用之前必须加以修复，这对土壤污染修复技术和工程应用提出了迫切需求，催生了潜在的巨大土壤修复市场，相关基础理论研究和技术突破亟待跟进。

# 第三节 我国土壤生物学的发展与主要成就

## 一、我国土壤生物学发展的简要回顾

我国土壤微生物学科的发展起始于 20 世纪 30 年代张宪武、樊庆笙和陈华癸等前辈的开创性工作。50 年代，我国首先在华中农学院（现华中农业大学）开设了土壤微生物学研究生课程，推动了科研和师资力量的培养，为土壤微生物学的发展创造了条件。我国学者在土壤微生物区系、根际微生物、元素循环的微生物学机理、水稻土微生物过程、土壤酶、根瘤菌和豆科植物固氮作用等方面积极开展了基础与应用研究。土壤微生物研究在多方面得到发展，并在若干研究方向接近或达到了当时的国际发展水平。例如，在水稻土物质循环的研究中，率先发现厌氧条件下形成亚硝酸的现象。60～70 年代，由于历史原因，我国土壤微生物学研究出现了停滞状态。80～90 年代我国土壤微生物的教学和科研工作开始复苏，在生物固氮机理、菌根真菌作用、土壤动物分布和土壤微生物资源等方面开展了较多工作。

21世纪初，随着分子生物学技术在土壤生物学领域的应用与发展，国际上土壤生物学研究蓬勃发展，国家自然科学基金委员会瞄准这一发展态势，在"十一五"和"十二五"期间，资助了一系列重大和重点研究项目，在科学基金选题方面，瞄准土壤生物学的发展前沿，提出了大量具有交叉性和前沿性的研究课题，并以国家杰出青年基金为基础，支持和培养了一大批优秀中青年骨干人才，形成了一批具有战略眼光和国际研究水平的中青年学科带头人。经过10多年的努力，我国土壤生物学研究已从在国际上几乎没有声音发展到目前若干研究方向受到广泛关注，接近国际先进水平，显著提升了我国土壤微生物学研究的国际地位。目前，土壤生物学已成为我国土壤和地理学科发展最快的分支学科之一。

## 二、我国土壤生物学的主要进展

过去10多年来，我国土壤生物学研究主要成就包括：已经形成了土壤微生物数量、组成与功能研究的基本技术体系；在研究内容方面以前所未有的广度和深度拓展，超越了传统细菌、真菌和放线菌的表观认识，围绕土壤生态系统的关键过程，在有机质分解、土壤元素转化与土壤质量保育过程等方面系统研究了土壤微生物的群落结构及其功能，取得了显著进展；形成了较为完善的土壤微生物多样性、土壤微生物结构与功能等研究理念，在土壤元素生物地球化学循环的微生物驱动机制等方面取得了重要进展；在土壤养分元素转化、全球变化与污染环境修复等方面也取得了长足发展，在以土壤微生物量为基础的表观动力学过程研究、土壤氮素转化为核心的微生物机理过程、土壤微生物相互作用介导的有机质降解过程、微生物与矿物相互作用、土壤-植物根系-微生物之间的相互作用、微生物过程与环境污染修复等方面均取得重要进展，为未来我国土壤生物学发展奠定了坚实的基础。

## 第四节  未来5～10年拟重点发展的研究方向与科学问题

鉴于土壤生物学在农业可持续发展、生态环境保护和全球变化研究中扮演着越来越重要的作用，综观近10多年来国际的发展态势和我国的发展现状，如图2-6所示，土壤生物学已成为宏观地球科学与微观生命科学有机融合的交叉学科生长点。我国土壤生物学在未来 5～10 年拟重点关注的研究方向和关键科学问题包括以下几个方面。

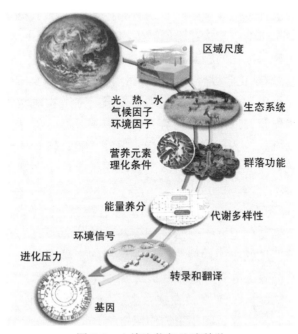

图 2-6　土壤生物与地球科学

注：土壤生物学是地球科学与现代生物学的交叉前沿。土壤生物的功能基因调控不同尺度下元素的生物地球化学循环，决定了土壤生物对能量供给、营养水平、光热气候等环境信号的响应，其代谢物质在土壤中的累积和削减过程，形成了生物代谢多样性，维系了不同尺度下陆地生态系统的结构与功能。土壤生物学实现了生物学的微观研究和地球科学宏观研究的有机整合，已成为新兴学科交叉点

1）土壤生物网络与生态服务机制。土壤生物相互作用和网络结构、干扰条件下土壤生物网络与生态服务的关系、结合不同时空尺度揭示网络形成和生态服务机制，是当前土壤生物网络研究中亟须解决的关键科学问题。建议优先开展以下研究内容：①确定土壤生物网络结构的刻画与关键网络环节；②结合并发展土壤生物网络结构与生态进化理论；③调控农田土壤生物网络和生态服务；④兼顾生物网络与功能的时空尺度；⑤加强土壤生物网络和生态服务的稳定性及调控机制研究。

2）土壤微生物时空演变规律。土壤微生物群落组成、多样性及功能的时空分布格局、驱动因子和维持机制是土壤微生物生态学亟待回答的基础科学问题。建议优先开展以下研究内容：①确定土壤微生物多样性及其测度指标；②理解土壤微生物时空演变的驱动机制；③从不同的时间、空间尺度和生态

学组织尺度层面研究土壤微生物时空演变的尺度效应；④充分利用我国地域广阔，蕴含丰富多样的气候带、植被和土壤类型的特点，研究不同地区自然因子及不同人为干扰对土壤微生物空间分布的影响，揭示我国主要类型土壤微生物的空间分布格局；⑤构建土壤微生物时空演变格局的理论框架和模型；⑥加强土壤微生物与植物的相互作用/共进化演变格局研究。

3）土壤生物地球化学循环的微生物驱动机制。解析土壤微生物在元素循环转化中的作用机理和过程，是深刻理解土壤元素生物地球化学循环的重要突破口。建议优先开展以下研究内容：①土壤碳、氮、磷等生源要素循环过程的微生物驱动机制；②环境因子影响土壤碳、氮、磷循环的微生物响应与反馈机制；③土壤生源要素耦合的微生物联作机制；④土壤关键生物地球化学过程的计量学。

4）提升土壤肥力的土壤微生物学机理和途径。土壤肥力性质是土壤最重要的属性。土壤生物与土壤肥力是土壤生物学的核心研究内容之一。研究土壤生物之间养分循环的协同调控机制，对于消除土壤障碍因子，提高土壤肥力和养分有效性等至关重要。建议优先开展以下研究内容：①土壤微生物与土壤养分转化和固持；②土壤微生物及微生物—根系互作与土壤酸化逆境；③生物固氮在提高氮素高效利用中的作用机制；④菌根与磷素高效利用机制；⑤土壤益生菌与养分高效利用机理；⑥拮抗菌与根系健康及养分利用。

5）土壤生物对全球环境变化的响应与反馈机制。全球变化不仅影响地上植被生长、生理特性和群落组成，还直接或间接地影响地下生态系统结构、功能和过程。同时，地下生态过程会对全球变化产生反馈，加强或削弱全球变化给土壤生态系统带来的影响。建议优先开展以下研究内容：①土壤生物群落响应及适应全球变化的中长期定位观测研究；②温室气体产生和转化的生物学机理及其对全球变化的响应；③全球变化背景下"地上-地下"生物互作机理及其演替；④全球变化背景下土壤生物入侵的生态学效应；⑤土壤生物对全球变化多因子耦合作用的响应；⑥全球变化敏感区域土壤微生物群落和功能的演变与适应；⑦土壤生物地球化学过程与全球变化模式的融合。

6）土壤生物与土壤污染修复。土壤污染影响着土壤生物系统的结构和功能，而土壤生物则对土壤污染产生适应、反馈调控及消纳清除作用，对两者相互作用的研究有利于发展污染土壤生物修复技术。建议优先开展以下研究内容：①土壤污染背景下微生物群落结构和多样性的演变及生态效应土壤污染的生态效应，从土壤生物种群、群落乃至土壤生态系统水平研究不同污染物及复合污染对土壤生物多样性和功能的影响及其机制；②土壤污染物的生物转化和清除机制土壤生物对土壤污染物的转化过程及机制；③病原菌和抗性基因在土壤中的分布规律与传播机制；④土壤污染的生物监测原理与技术；⑤污染土壤生物修复原理与技术。

7）土壤生物学与土壤物理和化学的交叉发展。解析不同时空尺度条件下微生物-有机质-矿物之间的相互作用，是全面深入理解土壤中生物调控下的土壤物理和化学等过程与特性及其在生源要素和污染物质循环与转化中高层次的土壤生态服务功能的重要基础。建议优先开展以下研究内容：①微生物胞外电子传递机制；②土-水界面和根-土界面中微生物介导的物理化学反应过程与机理；③微生物驱动的矿物形成与转化；④土壤结构中生物和物理过程互作机理及其调控作用。

8）土壤生物研究技术和野外平台建设。土壤中绝大多数的生物体积极小、肉眼不可见。因此，土壤生物学的研究几乎完全依赖于方法的突破和进展。近年来，分子生物学技术和原位表征方法的快速发展，突破了探寻土壤生物奥秘的瓶颈，但绝大多数的土壤微生物尚未被培养，其分类地位尚未确定。建议优先开展以下研究内容：①土壤生物多样性的组学研究；②土壤微生物的单细胞筛选；③土壤生物功能的原位表征技术；④土壤生物学野外联网综合研究平台；⑤土壤生物信息分析。

# 第三章
# 土壤生物网络与生态服务功能

## 第一节　科学意义与战略价值

　　自然界内生物之间多种多样的紧密关系很早就引起了人们的极大兴趣。例如，国内外的生态学教科书无不涉及种内和种间关系的介绍，包括诸如竞争、捕食、草食、寄生、性别关系、偏害、互利和自相残杀等各种各样的复杂关系。人们随后逐渐意识到，生物之间的关系远不止两两之间的相互作用那么简单。在生物相互作用的探索方面，从食物链到食物网营养级关系的认识虽是重大的进步，但是仍远远不能代表实际条件下生物之间的复杂关系。实际上，早在150多年前，达尔文在《物种起源》中就萌生了动植物关系网络的思想，"我渴望提供更多的例子，证明自然界中即使距离最远的动植物也因复杂的关系网络而联系在一起"（Darwin，1859）。这反映了早期学者对探索生物网络关系的憧憬。随后的一个多世纪，虽然人们已经认同了生物之间复杂而联系密切的网络关系，但限于有关生物学知识的匮乏及监测分析的制约，很久以来生物网络关系的研究仍停留在传统的食物网水平内的营养级关系分析上，这进一步限制了我们对生物群落结构特别是生物多样性服务功能价值的评价和重视。

　　当前，一般认为生物网络是指发生在分子、个体及更高层次的生物组织之间，由捕食、竞争等对抗性或者互利等相互作用形成的物种关系网络（Woodward，2010）。20世纪90年代后期，伴随着对生物网络的调查和实验研究的逐渐增多，生物网络分析开始受到更多的关注。此外，基于图形理论领域描述拓扑性质的数学技术、计算机硬件和软件分析技术的进展为揭示复杂的生物关系奠定了基础（Miranda et al.，2013）。最近，有关生物网络的研究随着对生物多样性与生态服务功能关系的认识加深而重新兴起。例如，与基于物种丰富度的生物多样性指标相比，生物网络的结构复杂性与各种生态服务功能的关系更为密切（Lupatini et al.，2014）。虽然对生物网络的认识仍处于萌芽时期，但是生物网络的影响却不可忽视。例如，相关研究成果催生的一个可喜的进步是，保护生物学家正在将注意力从保护单个物种转向保护整体的生物网络结构，即维持和改善生态系统的生态服务功能（Miranda et al.，2013）。

科学界一般公认土壤是地球上生物多样性最丰富的生境。土壤在提供人类赖以生存的生态服务功能方面具有关键地位，如产品供应、生命支持、生态过程调控及文化服务功能。越来越多的研究证据表明，土壤所提供的生态服务功能又依赖于土壤生物所驱动的生物地球化学循环过程。了解土壤生物与生态服务功能的关系在预测和调控生态系统可持续发展方面具有重要意义。然而，相比植物地上部的研究，对地下部生态系统长期以来缺乏足够的重视。随着人类对土壤生态服务功能的重视，关于土壤生物群落在生态服务功能中的地位及影响机制的研究成为过去 20 年来最重要的进展之一（Bardgett and van der Putten，2014；时雷雷和傅声雷，2014）。土壤生物相互作用的复杂性被认为是生物多样性的高级表现形式，与物种多样性相比，与整个生态系统提供的服务功能联系的更为紧密。最近，在欧洲大陆上跨越不同气候和土壤类型的研究表明，土壤食物网性质与生态服务关系密切相关（de Vries et al.，2013），这表明超越食物网性质而进一步全面分析生物之间关系的生物网络分析很可能有助于深入了解土壤生态系统的结构和功能。同时，越来越多的研究者认识到植物地上和地下部的生物类群通过植物桥梁紧密联系。例如，基于 215 个实验研究的整合分析（meta-analysis）结果表明，土壤生物相互作用与植物的关系与植物地上部存在的营养级联效应基本一致。值得注意的是，土壤生物营养级复杂性的增加能够促进植物的生长（Kulmatiski et al.，2014），这一结果不仅强调了土壤生物多样性研究应重视土壤生物相互作用的功能地位，而且提醒我们：了解土壤生物网络和生态服务的关系将是揭示整个陆地生态系统的生态过程机制的不可分割的部分（图 3-1）。

在以往的研究中，评价土壤生物在生态系统服务中的地位主要基于生物多样性的传统性质，即土壤生物的物种丰富度和丰度的均匀性方面。伴随着人们对多种生态服务综合评估和生物驱动机制重要地位的认识加深，目前，越来越多的研究者相信：土壤群落内的生物相互作用决定了生物多样性最终

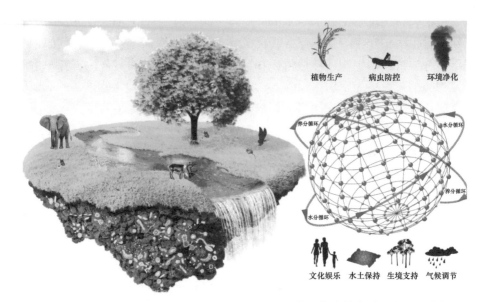

图 3-1　地上和地下部生物之间密切关系及土壤生物网络支持多种生态服务功能

在生态系统服务上的表现。土壤中错综联系的生物构成了地球上最为复杂的生物关系之一，因此，描述或量化土壤生物相互作用的复杂关系成为当前面临的艰巨任务。一个多世纪以来，土壤生物相互作用的研究主要集中于捕食关系上，而忽视了其他重要关系的存在，如竞争、拮抗、互利及生物扩散引起的相互作用。传统食物网分析往往局限于两两营养级单种生物的关系，因此难以揭示多个营养级及多种生物的纷繁复杂的间接关系（Miranda et al.，2013）。实际上，除了纵向捕食营养关系外，土壤食物网内还存在基于食物质量（或生态化学计量学）及相生相克的横向联系，而传统上基于直接观察、捕食者肠道或粪便等的分析技术不适用于形态微小的土壤生物。近年来，分子生物学分析技术的进展使得人们得以对看不见的土壤生物世界有了崭新的认识，但是土壤生物包含的极其复杂的生物相互作用，特别是生物网络与多种多样的生态服务功能的关系，使得传统的基于两两生物相互作用和单一生态过程的土壤生态型传统研究手段难以胜任了。随着网络分析的计算机技术的快速发展，结合传统分类技术、肠道内容物的代谢组学分析、稳定性同位素和脂肪酸等技术，使得深入刻画土壤生物网络和揭示生物网络形成机制的愿望成为可能。

现有研究对土壤生物关注很少，近期有关土壤生物的研究也集中在土壤微生物群落上（Bissett et al.，2013；汪峰等，2014）。虽然近 20 年来人们对土壤生物多样性在生态服务中的重要性和影响因素有了进一步的认识，然而相关研究进展主要集中在微生物方面，对其他土壤生物的群落结构和功能的认识尚处于起步阶段。实际上，土壤动物是地下食物网乃至整个地球生物网络不可分割的部分，只有尽可能包含所有土壤生物的网络研究才能更好地揭示土壤生态服务功能的机制。了解土壤生物多样性无法忽视土壤动物：它们不仅多样性极为丰富，而且在土壤食物网中占据重要位置，与其他生物形成密不可分的关系。土壤动物的体型大小涵盖了多个数量级。微型土壤动物（原生动物和线虫等）一般小于100微米，以微型节肢动物（螨类和跳虫等）、线蚓为主的中型土壤动物在0.2～2毫米；大型土壤动物（蚯蚓、甲虫和蜘蛛等）一般在厘米级别（图3-2）。个体大小迥异的土壤动物不仅代表了生境的复杂性，更反映出其功能的多样性。经过100多年的研究，土壤动物对土壤理化性质和微生物群落的影响已经获得公认，土壤动物在关键元素的生物地球化学循环中的重要性仍旧是当前土壤学的研究热点。尤为重要的是，土壤动物类群包含了极为丰富的营养功能团，占据了土壤食物网的各个位置，是土壤生物相互作用复杂性的重要源头，对土壤生态系统的结构和能量、物质流动有重要影响。因此，系统了解土壤生态过程和功能机制亟须采纳结合土壤微生物-土壤动物-植物的生物网络研究途径。

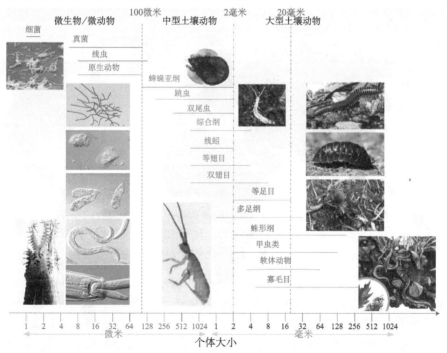

图 3-2　土壤食物网基于体宽大小的土壤动物分类示意图

伴随着对环境扰动下生态服务功能复杂性的认识，特别是政府决策者对土壤生物在生态服务功能中发挥重要地位的认识（Bardgett and van der Putten，2014），结合整个生物网络和所有生态服务功能的整体性管理和研究思路受到欢迎（图3-1）。一方面，已有的研究往往关注某个单独的营养功能团或典型生态功能（如初级生产、养分循环、土壤结构、病虫害防控及气候调节等），缺乏对不同生物类群及生态服务功能的综合考虑，因此远远不能满足深入和全面了解土壤生态服务驱动因素及调控机制的需求。另一方面，由于针对生态系统服务功能的管理调控过程中，不同种类的生态系统服务功能之间并非协同增效关系，强化某一方面的功能也会伴随着另一方面功能的降低（Smith et al.，2013）；特别是不同的管理部门通常仅仅关注属于自身管辖的内容（如土壤、水分和空气质量中的某一方面），而忽视其他方面。因此，针对土壤生物网络与生态服务功能的整体研究策略不仅有助于阐释物种个体特性、生物共进化等影响土壤生态过程的基础问题，而且有助于指导生态模型建立、环境变化应对及生态系统管理等（Mulder et al.，2013）。总之，如何深入刻画土壤生物相互作用、揭示其形成和影响机制、了解其对生态服务功能的贡献，已成为科学界当前的巨大挑战。本书基于土壤生物网络和生态服务功能的研究现状，以及理论和应用研究的国家需求，对今后若干关键科学问题、优先发展方向及研究技术途径提出了建议。

# 第二节　关键科学问题

1）土壤生物网络的变化与网络结构的形成机制

为了预测和缓解全球变化和人类活动引起的生态服务的变化，当前最重要的任务之一是刻画土壤生物网络结构内的营养级关系，以及伴随不同时空尺度上影响因素的变化，以揭示土壤生物网络结构的形成机制，最终建立网络结构内土壤生物相互作用与生态服务的关系。虽然土壤食物网结构与生态服务功能稳定性的关系越来越受到重视（de Vries et al.，2013；Wagg et al.，2014），但迄今对自然条件下真实的生物网络和服务功能的认识才刚刚开始。

2）扰动条件下生物网络和生态服务的关系

相比自然生态系统，受人类活动影响较强烈的生态系统类型与我们的生活和发展密切相关。例如，全球变化下的各种扰动类型对生物网络的影响刚刚开始受到关注，而农业生态系统中生物网络的研究长期以来未受到重视。随着粮食安全、资源过度消耗及农业生态环境问题的日益突出，对农业生态服务功能的需求已经逐渐超越了传统农学意义上对作物产量的需求，而传统农艺措施对某一生物类群的促进并不能保证其他有益生物或功能的改善，因此在农业中有必要将地下部和地上部生物网络视为一个整体进行管理。

3）不同时空尺度下生物网络和功能的影响机制

生物网络与功能的关系具有典型的时空尺度特征，但是目前人们对有关土壤生物的空间格局和时间动态的知识却了解甚少。生物分子到生物圈的不同生物组织和细胞到生态系统的过程均在时空尺度上呈现明显的层次性关联。在生物相互作用对生态功能影响的研究中，从分子信号、代谢物质到生物表型特征等不同水平均对不同时空尺度上的生态过程有所影响。因此，整合不同时空尺度上的研究将有助于系统了解生态系统服务功能的内在机制。

# 第三节　优先发展方向和建议

## 一、土壤生物网络结构的刻画与关键网络环节的确定

虽然高通量测序等分子技术及计算机技术的发展促进了微生物网络分析的发展，但包含植物-微生物-土壤动物三者的网络结构尚很少涉及，现有的网络结构仍不能很好地刻画营养级之间的间接交互作用，仍非常缺乏与生态系统发挥生态服务密切相关的合适的网络结构分析方法。未来应针对典型生态系统更全面地刻画土壤生物网络，更加注重研究传统食物网研究难以揭示的间接相互作用，明确土壤生物网络的形成机制。应该进一步推进土壤动物和微生物分子生物学技术的发展，加强在土壤 DNA 提取、引物选择、测试方法的规范，完善网络分析的数据采集和分析方法标准化。在鼓励尝试更多网络分析方法的基础上，结合土壤动物肠道内容物的代谢组学分析、稳定性同位素和脂肪酸技术等深入揭示土壤生物网络的结构复杂性（Brose and Scheu，2014），明确土壤生物网络的关键环节。最后，结合植物和土壤环境要素以了解维持土壤生物网络复杂性的关键因素。

## 二、土壤生物网络结构与生态进化理论的结合及发展

除了有关土壤生物调查分析技术的制约外，理论发展的滞后也是土壤生物研究的一个重要瓶颈（Bardgett and van der Putten，2014）。深入揭示土壤

生物网络形成和生态功能发挥的机制亟须借鉴和发展新的理论。例如，生物代谢和元素的化学计量关系适用于揭示从个体到生态系统的多个组织水平的关系（Sterner and Elser，2002）。代谢理论和生态化学计量学为揭示生物网络和功能关系的普适性规律提供了有效途径（图3-3）。尤为重要的是，代谢和化学计量理论不仅是驱动生物关系、养分循环和能量流动的内在因子，而且便于在易测定的生物性质（如个体大小、代谢、种群增长）和功能之间建立关系。此外，有关土壤生物适应性和反馈作用的研究将更多地涉及进化生态学知识。

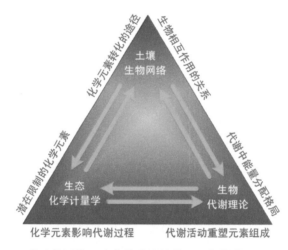

图3-3 土壤生物网络、生态化学计量学和生物代谢理论之间的关系

借鉴生态学和进化学的理论和模型，进一步促进了土壤生物学理论的发展。需要加强以生态化学计量学和生物代谢理论为主的各种生态学理论在土壤生物网络和生态服务功能研究中的应用（Ott et al.，2014）。利用我国丰富的长期定位实验并结合室内调控实验，基于植物、土壤环境和土壤生物的化学计量变异，通过对复杂土壤生物网络结构及养分循环和能量流动的刻画，并结合生活史、异速生长理论、营养级理论、协同进化理论等建立适用于土壤生物学的理论框架。此外，针对土壤生物多样性丰富和群落结构复杂的特点，逐渐增加研究系统的复杂性，研究诸如生物个体大小、代谢效率、种群增长、群落构建和生态过程之间的联系，特别是超越土壤生态系统类型、作物种类和气候类型等影响因素，提炼出影响生物网络结构和生态服务功能的关键生态因子，提出并创新土壤生物学的普适性理论模型。

### 三、农田土壤生物网络和生态服务的调控

在农业中有必要将地下部和地上部生物网络视为一个整体进行管理（Mulder et al.，2013）。虽然土壤生物的重要性已经获得公认，但是有关土壤生物网络的调控研究和应用发展缓慢。最近的研究表明，土壤微生物网络结构的复杂性在开垦后将剧烈降低（图 3-4）。而农业管理措施（如种植制度、耕作、施肥和农药等）对土壤生物网络内的拮抗和互利关系影响强烈而迅速。农业生态系统在长期的集约经营下，其生物网络结构更加简单和脆弱，但同时也具有易调控的特点，为土壤生物网络和生态服务功能调控研究提供了理想的研究平台。针对土壤生物网络进行农业生态系统服务功能的调控将成为研究热点，基于生物网络及其功能分析的整体调控思路为综合提升农业服务功能提供了美好前景（Pocock et al.，2012）。

图 3-4　基于操作分类单元（OTUs）获得的森林、草地和农田（大豆）土壤的细菌网络
资料来源：Lupatini et al.，2014

结合我国生态农业发展的迫切需求，今后土壤生物网络和生态服务功能的研究不仅需要充分刻画不同农业生态系统与自然生态系统的异同，而且需要结合调控实验确定关键影响因素。例如，基于我国幅员辽阔和农业利用方式类型多样的特点，根据水热条件和农业利用方式的分布，选择从自然条件到高强度利用的典型农田，比较不同生态系统和农田土壤生物网络的异同和联系，关注典型土壤管理措施诸如耕作、施肥、秸秆还田、厩肥等的短期和长期影响。今后应加强作物地上和地下生态系统的整合，设计可持续发展的新型作物-土壤生物网络，以防控农业病虫害、促进互利有益生物的发展，提出定向调控农田土壤生物网络的相关对策及技术体系，增强预测和调控环境变化下农业生态系统功能变化的能力。

### 四、兼顾生物网络与功能的时空尺度

土壤生物网络及生态服务功能的特点注定其需要层次性的研究策略。例如，

从分子到生物圈的各时空尺度上均有不同土壤生物和功能的对应，前者包含土壤生物发育和功能基因的分子网络研究，后者包括土壤生物地理分布、群落结构和功能演替的研究。由于不同尺度涉及了不同的专业知识和研究手段，学科交叉研究显得更为重要。此外，数学分析技术也为了解不同时空尺度上土壤生物网络的形成机制提供了机遇。在实验途径上，对于某些世代长、扩散能力强的土壤生物，应采用较大空间尺度的长期动态调查或时空置换研究途径；而对于土壤微生物来说，可以利用短期调控实验确立因果关系。总之，整合不同生物水平或网络时空尺度的研究为揭示土壤生物网络和功能的形成机制奠定了基础，这不仅与当前热点生态问题（如土地利用强度增加、环境污染、生境破碎化等）相联系，也为发展大尺度上的生态系统管理和建立模型提供了依据（图 3-5）。

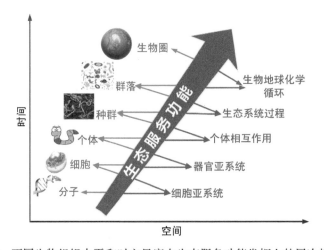

图 3-5 不同生物组织水平和时空尺度在生态服务功能发挥上的层次性关系

由于生物网络和功能的复杂性，先前的大多数研究往往局限于经典生态学所涉及的个体、种群层次上，伴随着对生物组织水平和时空尺度重要性的认识，在同一研究中涉及多个时空尺度的系统性研究将会极大地促进我们对土壤生物网络和功能关系的认识。

## 五、土壤生物网络和生态服务的稳定性及调控机制

伴随日益严重的气候变化、生境破碎化、物种入侵、生物多样性丧失及环境富营养化等问题，干扰条件下土壤生物网络与生态功能的变化过程及二者的关系应受到足够的重视。今后还应关注环境变化下生物网络关系对于生态功能稳定性的价值，尤其要突破以往以物种为网络节点的研究思维定式，结合遗传、种群个体、群落和生态系统等组织水平，研究多种环境因素交互

影响下土壤生物网络结构及生态功能的恢复过程。此外，还应关注不同干扰类型和强度的影响，以更好地反映自然条件下生物网络和生态服务功能对不同干扰的非线性响应。例如，长期缓慢变化和短期剧烈干扰的差异及环境干扰梯度的不同影响（Magozz and Calosi，2015）。最后，应结合个体行为生态、生理学、生态系统水平上的研究途径，了解生物网络结构的脆弱环节、决定生态系统功能稳定性的关键种及营养级联响应。

未来应针对典型生态系统类型，结合野外调查和调控实验平台，跨区域进行土壤生物网络和生态服务的综合评价及权衡研究，综合考虑土壤生物网络和生态服务功能的关键和冗余类型、短期和长期响应特点等，提高生态系统管理实践中生态系统服务功能的综合评价和预测能力，完善土壤生物网络对生态系统服务功能的综合调控水平，最终加强政策层面上不同管理部门之间的协调。由于生态服务功能的宏观性和系统性特征使其量化非常困难，今后应发展简捷的土壤生物网络指示者，最终提出能够代表不同生态系统服务协同和权衡关系的评价框架，从而便于政策制定者和生态系统管理者进行应用。

总之，网络分析不仅是一种揭示复杂关系的数学工具，更为今后土壤生物系统组成和功能的研究提供了整体研究思路。土壤生物网络所支撑的复杂的生物相互作用是所有土壤生态过程的基础，因此，充分了解生物网络的结构、形成和影响机制对于进一步预测和调控生态服务功能具有重要意义。加强土壤生物网络分析，深入了解土壤生物网络与生态功能的稳定性、时空格局及调控因素等，不仅有助于揭示土壤生物多样性与生态服务功能的关系机制（Kulmatiski et al.，2014），而且可以进一步结合土壤环境网络的研究，在不断加强的生物网络与环境网络关系的研究过程中，增强我们调控生态系统复杂相互作用的能力，指导我们进行生态系统服务的管理，为实现我国可持续发展的战略目标做出贡献。

# 参 考 文 献

时雷雷，傅声雷. 2014. 土壤生物多样性研究：历史、现状与挑战. 科学通报，59：493 - 509.

汪峰，Zhou J Z，孙波. 2014. 我国东部土壤氮转化微生物的功能分子生态网络结构及其对作物的响应. 科学通报，59：387-396.

Bardgett R D, van der Putten W H. 2014. Belowground biodiversity and ecosystem functioning. Nature，515：505-511.

Bissett A, Brown M V, Siciliano S D, et al. 2013. Microbial community responses to anthropogenically induced environmental change：towards a systems approach. Ecol Lett，16：128-139.

Brose U, Scheu S. 2014. Into darkness: unravelling the structure of soil food webs. Oikos, 123: 1153-1156.

Darwin C. 1859. On the Origins of Species by Means of Natural Selection. London: Murray.

de Vries F T, Thebault E, Liiri M, et al. 2013. Soil food web properties explain ecosystem services across European land use systems. P Natl Acad Sci USA, 110: 14296-14301.

Kulmatiski A, Anderson-Smith A, Beard K H, et al. 2014. Most soil trophic guilds increase plant growth: a meta-analytical review. Oikos, 123: 1409-1419.

Lupatini M, Suleiman A, Jacques R, et al. 2014. Network topology reveal high connectance levels and few key microbial genera within soils. Front Environ Sci, 2. doi: 10.3389/fenvs.2014.00010.

Magozzi S, Calosi P. 2015. Integrating metabolic performance, thermal tolerance, and plasticity enables for more accurate predictions on species vulnerability to acute and chronic effects of global warming. Glob Chang Biol, 21: 181-194.

Miranda M, Parrini F, Dalerum F. 2013. A categorization of recent network approaches to analyse trophic interactions. Methods Ecol Evol, 4: 897-905.

Mulder C, Boit A, Bonkowski M, et al. 2011. A belowground perspective on Dutch Agroecosystems: how soil organisms interact to support ecosystem services. Adv Ecol Res, 44: 277-357.

Mulder C, Ahrestani F S, Bahn M, et al. 2013. Connecting the green and brown worlds: allometric and stoichiometric predictability of above- and below-ground networks. Adv Ecol Res, 49: 69-175.

Ott D, Digel C, Rall B C, et al. 2014. Unifying elemental stoichiometry and metabolic theory in predicting species abundances. Ecol Lett, 17: 1247-1256.

Pocock M J O, Evans D M, Memmott J. 2012. The robustness and restoration of a network of ecological networks. Science, 335: 973-977.

Smith P, Ashmore M R, Black H I J, et al. 2013. REVIEW: The role of ecosystems and their management in regulating climate, and soil, water and air quality. J Appl Ecol, 50: 812-829.

Sterner R W, Elser J J. 2002. Ecological Stoichiometry: The Biology of Elements from Molecules to the Biosphere. Princeton: Princeton University Press.

Wagg C, Bender S F, Widmer F, et al. 2014. Soil biodiversity and soil community composition determine ecosystem multifunctionality. P Natl Acad Sci USA, 111: 5266-5270.

Wardle D A, Bardgett R D, Klironomos J N, et al. 2004. Ecological linkages between aboveground and belowground biota. Science, 304: 1629-1633.

Woodward G. 2010. Preface: Ecological networks: simple rules for complex systems in a changing world? Adv Ecol Res, 42: xv-xviii.

# 第四章
# 土壤微生物时空演变规律

## 第一节　科学意义与战略价值

　　微生物是土壤生态系统的重要组成部分,直接或间接地参与所有的土壤生态过程,在生态系统物质循环、能量转换以及生态环境与人类健康中发挥着重要作用。一直以来,人们对微生物是否存在一定的时空分布格局尚存争论,许多适用于大型生物(植物和动物)的生物地理学理论也未能在微生物上得到很好的验证。土壤随着自然地理条件的变化显示出明显的水平和垂直地带性分布特征。那么,土壤微生物是否随土壤时空环境条件变化而表现出一定的时空分布格局,是什么机制驱动和维持着这些时空分布格局,这些都是土壤生物学和微生物生态学亟待回答的问题。土壤微生物时空演变规律的研究就是要阐明土壤中包括细菌、古菌、微小真核生物(单细胞藻类、真菌及原生动物等)及病毒等在内的微生物在时间和空间上的分布格局,以及这些格局的形成机制和演变规律。

　　历史上,土壤微生物学家受到了 Bass Becking 在 1934 年提出的"微生物无处不在,但环境决定其存在"观点的影响。由于微生物本身具有体型小、世代周期短、种类繁多、个体数量大等生物学特性,对微生物多样性的定量化描述从来都是一个巨大的挑战,遑论考查其空间分布格局及形成机制。主观上,人们总是下意识地假定微生物的空间分布格局与大型生物相比有着本质不同,即微生物呈一种全球性的随机分布,从而不自觉地将微生物从生物地理学研究中排除出去。分子生物学技术的发展,使人们可以突破以往微生物学研究中需要对其进行培养鉴定的限制,直接从基因水平上考查其多样性，从而使得对微生物空间分布格局及其成因的深入研究成为可能。应用分子生物学技术的研究表明，细菌、菌根真菌以及土壤动物的全球分布都受到气候、土壤以及植被等的影响，即它们存在空间地理分布规律。生态学中一个存在已久的观点是物种丰富度由热带到寒带逐渐降低。由于缺乏在整个全球尺度上的数据，土壤生物的全球地理分布格局仍是不确定的。尽管不同区域土壤微生物群落组成存在差异，但土壤微生物不像植物那样有明显的地理分布规律。对于包括线虫、螨虫和蚯蚓在内的土壤动物以及菌根真菌，唯一明确的格局是其多样性仅在极地地区较低，而在其他纬度上都较高。这也暗示了全球尺度上地上与地下生物多样性的耦合程度较低，驱动这两者多样性格局的机制可能是不同的（Bardgett and van der Putten，2014）。

土壤生物在不同的时间尺度上都发生着变化，跨度可以从天、季节到几十年乃至上千年。在短时间内，微生物群落的驱动因子都是脉冲式的，从而引发微生物的快速响应。例如，近年来的研究发现，经历长期干旱后，微生物在短时间内（几分钟到几个小时或者几天）复苏并持续增多，这种快速响应与氮矿化和土壤二氧化碳释放等密切相关（Placella et al.，2012）。同样，根系分泌物的脉冲式释放也驱动了土壤生物短期的动态变化，从而影响了养分的循环和植物所需养分的供应。土壤生物群落也存在季节性变化，以及在成百上千年的时间尺度上的连续变化。这主要是由土壤湿度、温度和植物生长相关的养分供应变化所驱动的。尽管我们对连续的时间序列上地下微生物群落演变方面认知还较少，但大致上存在这样的格局：在演替的初始阶段，土壤食物网络由简单的异养微生物、光合以及固氮微生物组成；随着时间的推移，群落越来越复杂并趋于稳定，伴随着食物链延长，土壤病原微生物的作用降低，植物对通过菌根真菌获取养分的依赖性增加（Bardgett and van der Putten，2014）。

土壤微生物的时空分布格局表现出明显的尺度效应。Martiny 等（2006）定义了大尺度、中尺度和小尺度，发现大尺度从 3000 千米到全球尺度下，环境因子的作用会被掩盖掉，中等尺度为 10～3000 千米范围内，其空间距离和环境因子共同对微生物地理分布产生影响，而在小尺度下（10 千米范围内），环境因子作用显著影响到群落变化，而空间距离的作用几乎没有体现。众多研究从不同的空间尺度和研究对象的角度分析了影响微生物群落构建的过程，发现历史进化因素和当代环境因子对微生物空间分布格局的影响具有尺度依赖性，即在较大空间尺度下由历史及进化过程主导微生物演变，当代环境因

子则在小空间尺度下不断地对微生物空间分布格局进行细部改造（贺纪正和
葛源，2008）。

在有效的理论框架指导下探索微生物的地理格局及其产生与维持机制，
是微生物地理学研究的核心问题。迄今已有若干个理论框架被依次提出。最
早的莫过于 20 世纪初 BassBecking 假说提出的环境决定论；2006 年，Mar-
tiny 等基于植物学家德康多尔（de Candolle，1778～1841 年）的理论提出了
区分历史因素-生态因子的研究框架；Hanson 等（2012）又提出选择、漂移、
分散及突变这四种过程的交互作用是驱动微生物产生地理格局的原因（过程
决定论）。这些理论和模型的形成多源自动植物研究，而如何将其与微生物联
系起来尚处于探索阶段，这些努力在理论层面上拓展了研究思路，同时为理
论研究的普适性和特殊性间的辩证联系提供了依据。群落多样性的主要理论
和假说包括种-面积关系、Rapoport 法则、中域效应假说、群落中性理论与
生态位理论、能量假说、生态学代谢理论、代谢异速理论、地史成因假说等。
这些理论框架在微生物生态学领域能否适用，有待在今后的研究中进行检验
与修正（曹鹏和贺纪正，2015）。

21 世纪以来，由于高通量测序等技术手段的革命性突破以及基因组学、
系统生物学和生物信息学的发展，极大地推动了土壤微生物时空演变规律的
研究，使其成为国际上的研究热点。通过突破以往微生物学研究中需要对其
进行分离培养的限制，直接从基因组和转录组等水平上考查其多样性和功能
特征，从而使得人们对微生物时空分布格局及其形成、维持和演变机理的深
入研究成为可能。

# 第二节　关键科学问题

1）如何确定土壤微生物时空分布格局研究的测度指标，包括物种指标、
多样性指标、功能表征指标等？

2）土壤微生物时空分布格局的特征，驱动和维持这些时空分布格局的机
制是什么？

3）如何通过土壤微生物时空演变规律来预测土壤生态功能变化？

4）如何构建土壤微生物时空演变的理论框架，并据此用模型来描述微生
物时空分布格局并预测其随环境变化的演变规律？

# 第三节　优先发展方向和建议

## 一、土壤微生物多样性及其测度指标

微生物生态学是基于微生物群体（guilds/consortium/community）的科学，主要研究微生物群体各单元之间及微生物群体与环境之间的关系。微生物的基本研究单元为微生物种群、群落和一系列有机集合体等。微生物多样性可分为物种多样性、遗传多样性、功能多样性等。其中，物种多样性是指多种多样的生物类型及种类，强调物种的变异性。物种多样性代表着物种演化的空间范围和对特定环境的生态适应性，是进化机制的最主要产物，所以物种被认为是最适合研究生物多样性的生命层次，也是相对研究最多的层次。由于土壤微生物本身的特性，以往无法研究大部分单个个体。随着分子生物学技术的发展，这一问题有所缓解。例如，基于一定程度的表型特征一致性，DNA-DNA 杂交率大于 70%，或 rRNA 基因序列相似性大于 97% 便可表征同一物种。应用基于 rRNA 基因指纹图谱的可操作分类单元（operational taxonomic unit，OTU）表征不同物种，较适合于针对微生物群落的研究。

在确立微生物物种的基础上，可进一步对多样性和多度指标进行考量，如测度群落内部的 α 多样性（丰富度以单个样本中的 OTU 数量表征，均匀度以 Simpson 均匀度指数或者 Gini 系数表征，多样性以 Shannon 指数或者基于亲缘关系的 Faith 指数等表征）、反映群落之间差异的 β 多样性（又称周转率，包括 Sørensen 距离和 Jaccard 距离、Bray-Curtis 距离，以及基于微生物亲缘关系的 UniFrac 距离等）以及 γ 多样性（即洲际尺度上的 α 多样性）。多度有两种表征方法：一种是通过对特定基因进行定量 PCR 分析后折算为每克土壤中该基因的拷贝数表征；另一种则是通过测序方法，以不同分类水平上的序列条数占总序列条数的百分比表征（即多度格局）。今后的研究需要进一步发展相关分子生物学技术，开发快速、可靠判别微生物物种和功能基因的方法体系，发展微生物多样性的表征指标。

## 二、土壤微生物时空演变驱动机制

由于土壤微生物巨大的多样性，微生物时空演变研究的重点在于微生物群落构建、群落演变、多样性及其与环境生态或功能的关系，且研究方法和思路与研究个体功能有所不同。土壤微生物生态学不是基于分离培养、镜检、分析生理生化指标和探讨相关生理代谢途径的研究，而是基于群体，利用群体 DNA/RNA 等标志物（biomarker），以高通量和大样本作为研究特征，研究范围从基因尺度到全球尺度，在生态学理论和模型的指导和反复拟合下由统计分析得出具有普遍意义的时空演变规律（图 4-1）（曹鹏和贺纪正，2015）。

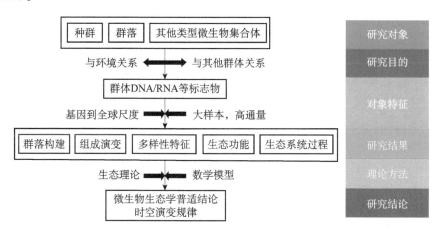

图 4-1 土壤微生物生态学及时空演变规律研究的基本框架和技术途径示意图

对于影响微生物群落组成演变的过程和驱动因素主要可以概括为以下四方面：①微生物的扩散和定殖。扩散过程是控制微生物时空分布和宏观生态型的关键过程之一。②物种形成和灭绝速率。物种数量是物种形成速率和进化时间共同作用的结果。较高的微生物多样性可以产生高物种分化并降低物种灭绝速率。③环境复杂性对微生物分布的影响。由于生物和非生物因素的影响，多数微生物所处生境存在明显的空间异质性。研究表明，生境异质性与微生物多样性间存在显著正相关关系，但目前这种关系在自然界中很难明确证实。④个体大小与空间尺度的关系。有学者认为在一定环境中微生物中的较小型生物应具有更高的多样性，原因是个体微小的生物可以更精细地分割所处的环境。今后需要对这些过程和驱动因素开展定量研究，明确不同环境条件下微生物时空演变的主要特征及其驱动机制。

## 三、土壤微生物时空演变的尺度效应

关于尺度效应的研究集中于时间和空间尺度，微生物由于其自身具有个体小、数量大、代时短等特征，在研究过程中对其是否具有尺度效应和尺度范围的考察更需谨慎，如时间方面可以考虑从两个角度出发，其一，直观的时间轴变化，如宇宙时间、地质时间、历史时间等；其二，间接的遗传和进化改变，考察突变、水平基因转移、分子钟等问题。由于大的历史时间具有不可重复性，因此单从生态学的角度看，对于土壤微生物群落时间演替的研究只能在较短的时间尺度（日、月、年）上进行，而无法对土壤微生物群落在大的时间尺度上的演变规律进行直接研究。在这种情况下，可以用空间代替时间的方法，通过对不同的土壤演替序列（chronosequence）中微生物群落的分析来反映其在大的时间尺度上的演替规律。例如，可以冰川退化后暴露出来的母质作为土壤发育初始过程的起点，通过测量冰川的退化距离而计算土壤的发育时间，通过对不同发育程度的土壤中微生物群落的分析来揭示微生物群落在大的时间尺度上的演替规律与机制。

对于空间尺度而言，可以简单区分为大尺度、中尺度和小尺度，也可以根据具体的研究范围划分为微小尺度、局域尺度、生态系统尺度、区域尺度、洲际尺度、全球尺度等。微生物在不同空间尺度上的分布特征是土壤微生物地理研究的主要方面。由于土壤微生物的大小在微米级以下，因此其空间分布可以涵盖不同的研究尺度：在厘米以下的微小尺度范围内，土壤孔隙（团聚体）结构、微生物间的相互作用、根际效应等就可以导致微生物分布格局的差异；在米到千米的范围内，土壤的异质性、植被的差异、地形等因素对微生物的分布产生影响；在几百乃至上千千米的更大尺度上，土壤发育条件、气候乃至地理隔离等条件都影响到微生物的空间分布。

从群落构建理论角度看，造成在不同尺度上土壤微生物群落空间分布格局差异的原因在于群落构建机制的差异。这一解释以生态位/中性理论的应用最为广泛：目前，生态学家趋向于认为生态位理论和中性理论都对群落构建产生影响，但这种影响具有明显的尺度依赖性，即小尺度下生态位理论的作用大于中性理论，而大尺度上中性理论的作用大于生态位理论（曹鹏和贺纪正，2015）。在认可微生物扩散限制的前提下，根据过程理论的体系，扩散过程在小尺度上比在大尺度上更容易实现。

## 四、我国主要类型土壤微生物的空间分布格局

我国地域广阔，不同地区气候、植被和土壤类型差异显著，自然变异及受人为干扰程度各不相同，这就为研究不同尺度下环境因子与人为干扰对土壤微生物空间分布的影响提供了理想模式。从气候类型看，中国东南

部主要是热带季风气候、亚热带季风气候和温带季风气候，西北部主要是温带大陆性气候，高原山地气候则主要分布在青藏高原等高海拔地区。从土壤类型看，中国土壤资源丰富，主要有红壤、棕壤、褐土、黑土、潮土等12个主要土壤类型。丰富的气候条件和土壤类型孕育了纷繁复杂的土壤微生物，使得中国在土壤微生物的时空分布研究中具有独特的研究背景。同时，在从南到北的热量梯度样带、从东到西的降雨梯度样带上具备了长达30年的长期定位试验站，为研究土壤微生物随时间上的演替规律提供了理想平台（图4-2）。

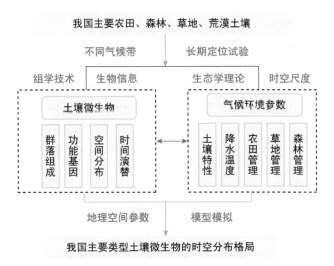

图4-2　我国主要类型土壤微生物的时空分布格局研究框架图

　　由于复杂多样的气候条件、土壤类型和研究技术手段的限制，我国土壤微生物的空间分布研究相对滞后于西方发达国家。近年来，随着高通量测序与生物信息等技术在我国的广泛应用，使得土壤微生物的空间分布研究呈蓬勃发展的态势。我国东部的稻田和麦田是研究农田生态系统微生物分布的理想区域；从东北的大兴安岭地区到海南的尖峰岭为研究森林生态系统微生物分布提供了理想的平台；内蒙古草原与青藏高原高寒草甸为研究温带与高寒草地土壤微生物的分布规律提供了理想的对照；西部干旱与半干旱地区是研究我国荒漠土壤微生物分布特征的理想地区。通过这些研究有望阐明我国主要农田、草地、森林、荒漠土壤微生物的空间分布格局、多样性的形成机制及其潜在生态功能，为提升生态系统生产力、维持生态系统稳定性提供理论依据，同时也推动了我国土壤生物学及微生物生态学的发展。

## 五、土壤微生物时空演变格局的理论框架和模型

目前我们所熟知的一些生态理论和模型，大多源自动植物观测研究，而如何将其与微生物联系起来尚处于探索阶段。群落多样性的主要理论和假说包括距离-衰减关系、种-面积关系和群落中性理论与生态位理论等，与功能相联系的理论主要有代谢异速理论等。如何借鉴这些宏观生态学理论来构建土壤微生物时空演变格局的理论框架和模型，是亟待解决的科学问题。

距离-衰减关系关注群落在不同空间尺度下的周转，即样点间群落组成相似性随地理距离的变化情况（β-多样性变化）。种-面积关系，描述物种数量随取样面积增加而变化的规律，是群落生态学中研究最多的物种分布格局之一。微生物的种-面积曲线相对平缓，$z$ 值低于大型生物，然而一些新研究表明对于微生物种-面积关系也存在类似于大型生物的较大的 $z$ 值。通过构建距离-衰减关系和物种-面积曲线，表明了微生物物种并非呈随机分布，并且微生物类群的分布特征与所处生境的空间异质性呈相关关系，说明物种分化受到环境筛选作用的影响。关于微生物生物地理学的研究证明，由于各种复合效应的存在，即使微生物有较高的扩散率也没有完全胜过局域过程（local processes）的影响，生态位理论和历史偶然性在决定微生物物种丰富度和群落构建方面均起到了重要作用（Martiny et al.，2006）。群落构建可能是随机的生态漂变和生态位分化共同作用的过程，更多的研究开始关注整合生态位和中性理论探究随机作用和确定性作用的相对贡献。

微生物多样性与功能之间在很多情况下未呈现显著相关关系，最直接的原因是存在功能冗余。功能冗余（functional redundancy）是指某些物种在生态功能上有相当程度的重叠，其中某一个物种被去除后，生态系统功能会保持不变或接近正常状态。很多研究都将土壤生态系统的稳定性（抵抗力和恢复力）解释为土壤内在的生物多样性造成的功能冗余，即微生物种类减少但是功能并未衰减。大量研究表明现有的微生物群落及变化的群落中都存在一定程度的功能冗余。因此，研究功能冗余发挥的重要作用可以较好地解释生态系统稳定性的潜在机理，并且可以研究物种多样性对生态系统过程的潜在价值（Wohl et al.，2004）。土壤微生物系统可看成是一个动态变化的自组织系统，通过遗传来维持其组成的稳定性，通过演变而适应外界干扰，共同构成土壤微生物系统的抵抗力（resistance）和恢复力（resilience），维护土壤生态系统的稳定性（图 4-3）（贺纪正等，2013）。

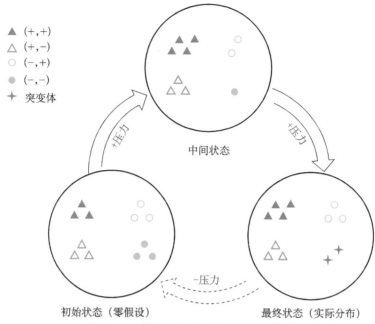

图 4-3　土壤微生物群落演变的概念模型

资料来源：贺纪正等，2013

注：抵抗力高恢复力高（＋，＋）、抵抗力高恢复力低（＋，－）、抵抗力低恢复力高（－，＋）和抵抗力低恢复力低（－，－）四种不同类型的微生物分别用实心三角形、空心三角形、空心圆形和实心圆形表示

## 六、土壤微生物与植物的相互作用/共进化演变格局

所有的陆地生态系统都包括地上和地下两部分。近年来的许多研究表明，土壤微生物和地上植物之间存在着紧密的相互作用（图 4-4）。植物影响微生物的主要途径是对包括菌根在内的植物内生菌、根际微生物的直接影响和对土壤的营养输入（Wardle et al.，2004）。植物的物种不同，对土壤营养输入的数量和种类也就不同，相应地引起了微生物群落结构和多样性的变化。但植物对内生菌、根际微生物等与植物关联性更强的微生物，调控作用也更为明显和直接。在影响微生物多样性的植物因子中，植物总量与多样性哪一个更重要，尚不明确。有研究表明，植物的多样性影响了微生物的多样性和群落结构，但另一些研究也发现植物总量对微生物多样性起着主导作用（Zak et al.，2003）。生态位和中性理论可以对此作出机理解释。不同的植物种类形成了生态位的微分割（niche partitioning），从而形成了植物多样性和微生

物多样性的正相关性。另外，植物总量决定了对土壤的营养输入，从而减少了影响微生物分布格局的选择过程，增加了漂移过程。生态位和中性理论互相对立，但在同一环境条件下可以并存，因此，在不同研究中所发现的植物总量、多样性对微生物多样性各自的主导作用，可能只反映了生态位和中性理论在不同条件下对形成微生物多样性的贡献不同。值得注意的是，属于中性理论过程的扩散限制在大、中、小空间尺度条件下差异很大，所以植物对微生物多样性的影响，在不同尺度下也会有所差异。

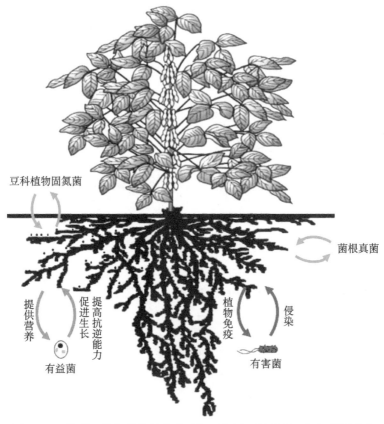

图 4-4　土壤微生物与植物具有多重相互作用，导致了双方的共同进化

　　土壤微生物和植物的相互作用导致了双方的共同进化，是塑造生物多样性的重要驱动力。土壤微生物和植物的相互作用可以表现为捕食、竞争、疾病、合作、共生等多种关系。目前，很多研究证明这个过程是高度动态的，引起了双方的持续改变。这种动态性支持了"红皇后"理论（running as fast as you can to stay in the same place），即相互作用的双方不断地适应新的环

境，对环境的适应性出现"此消彼长"的特点（Occhipinti，2013）。同时也存在另外一种情景，即"军备竞赛"理论。双方的竞争或者合作不断升级，对环境的适应性出现"你涨我涨"的特点。这一过程相对较慢，动态性低，但在基因上的改变不断积累，长期而言是影响生物多样性的主要因素之一。值得注意的是，土壤微生物与植物的相互作用与情景（context）有很大的相关性。在不同生态系统、营养、物种条件下可以表现为相互促进、无关、抑制等多种关系，而且也与土壤动物、病毒等其他生态系统成分息息相关（Fierer and Jackson，2006）（图 4-4）。由于我们对这一复杂问题的认识尚且不足，目前还比较难于准确判断和预测未来全球变化对土壤微生物和植物的影响。

# 参 考 文 献

曹鹏，贺纪正. 2015. 微生物生态学理论框架初探. 生态学报，35（22）：7263-7273.

贺纪正，葛源. 2008. 土壤微生物生物地理学研究进展. 生态学报，28（11）：5571-5582.

贺纪正，李晶，郑袁明. 2013. 土壤生态系统微生物多样性-稳定性关系的思考. 生物多样性，21（4）：411-420.

Azovsky A I. 2002. Size-dependent species-area relationships in benthos: is the world more diverse for microbes? Ecography, 25 (3): 273-282.

Bardgett R D, van der Putten W H. 2014. Belowground biodiversity and ecosystem functioning. Nature, 515: 505-511.

Fierer N, Jackson R B. 2006. The diversity and biogeography of soil bacterial communities. Proc Nat Acad Sci USA, 103 (3): 626-631.

Hanson C A, Fuhrman J A, Horner-Devine M C, et al. 2012. Beyond biogeographic patterns: processes shaping the microbial landscape. Nat Rev Microbiol, 10: 497-506.

Martiny J B H, Bohannan B J, Brown J H, et al. 2006. Microbial biogeography: putting microorganisms on the map. Nat Rev Microbiol, 4 (2): 102-112.

Occhipinti A. 2013. Plant coevolution: evidences and new challenges. J Plant Interact, 8 (3): 188-196.

Placella S A, Brodie E L, Firestone M K. 2012. Rainfall-induced carbon dioxide pulses result from sequential resuscitation of phylogenetically clustered microbial groups. Proc Natl Acad Sci USA, 109: 10931-10936.

Ramette A, Tiedje J M. 2007. Multiscale responses of microbial life to spatial distance and environmental heterogeneity in a patchy ecosystem. Proc Nat Acad Sci USA, 104 (8): 2761-2766.

Wardle D A, Bardgett R D, Klironomos J N, et al. 2004. Ecological linkages between aboveground and belowground biota. Science, 304: 1629-1633.

Wohl D L, Arora S, Gladstone J R. 2004. Functional redundancy supports biodiversity and ecosystem function in a closed and constant environment. Ecology, 85: 1534-1540.

Zak D R, Holmes W E, White D C, et al. 2003. Plant diversity, soil microbial communities, and ecosystem function: are there any links? Ecology, 84: 2042-2050.

# 第五章

# 土壤生物地球化学循环的微生物驱动机制

## 第一节 科学意义与战略价值

土壤生源要素（碳、氮、磷、硫、铁等）的生物地球化学循环过程、耦合机理及其驱动机制研究是土壤生物学研究的核心之一。土壤生源要素的生物地球化学过程涉及多种反应以及多种功能微生物群的参与，如有机质的分解与合成，光合微生物的 $CO_2$ 固定和产氧（Ge et al.，2013），$CH_4$ 的产生和氧化，自养微生物对氮的固定和对 $NH_3$ 等无机化合物的氧化，异养微生物对 $NO_3^-$、$SO_4^{2-}$ 等的厌氧呼吸（Rütting et al.，2011），无一不是由微生物催化的氧化还原反应过程。

随着土壤微生物固碳功能的发现与固碳功能微生物数量、种群与碳同化机制研究的深入（Wu et al.，2014），进一步揭示了微生物在土壤碳循环过程的重要性并增进了对土壤微生物固碳途径的新认知。目前，已发现的自养微生物同化 $CO_2$ 的途径共有 5 条，即卡尔文循环、还原性三羧酸循环途径、厌氧乙酰辅酶 A 途径、3-羟基丙酸途径和琥珀酰辅酶 A 途径。目前，主要集中在卡尔文循环的微生物固碳研究上，对其他固碳途径在土壤中所起的具体作用还有待进一步证实。因此，对其他固碳途径在碳循环中的贡献及其碳同化功能的微生物或者与碳同化过程相关的新的功能基因的研究还需要进一步加强。微生物同化碳在土壤碳库中的转化过程和稳定机制，可将碳同化微生物在土壤 $CO_2$ 同化过程中的贡献定量化，这些研究无疑将会推进人们对微生物介导的土壤碳循环过程及陆地生态系统碳循环机制的认识。

土壤氮素循环是由微生物介导的复杂过程体系，其中包含了生物固氮作用、氨化作用、硝化作用、反硝化作用、厌氧铵氧化和硝酸盐异化还原作用等，同时可能还存在新的作用途径未被认知。在复杂氮循环过程中，硝化作用作为连接生物固氮、有机质矿化和反硝化作用的中间桥梁，通过与不同氮转化过程的耦联作用，决定着土壤生态系统中氮的平衡和归趋。但是目前的研究大多针对单一过程开展，对同一体系中不同过程的发生与关联关系、协同与制约作用以及在氮素循环中的相对贡献等方面的微生物驱动与调控机理的认识尚不明确。

微生物在土壤磷元素循环中扮演着重要的作用。在土壤-植物系统中，土壤微生物通过溶解、矿化、固定，与植物共生等方式直接驱动土壤磷的转化和循环。尽管土壤微生物过程对磷素转化与供应影响深远，除了在菌根共生研究外，土壤微生物与磷之间的相互作用机理在近20年时间里进展比较缓慢。微生物对土壤磷转化和供应的影响主要体现在吸收和转化两个方面。在植物和土壤微生物主导下，土壤中的有机质与氮磷等养分元素存在相互耦合关系。首先，植物和微生物代谢对碳氮磷的比率有相对固定的计量关系；其次，在土壤生物化学反应中，各种氧化还原作用、络合溶解作用等均存在过程的耦合（Gruber and Galloway，2008）。微生物或者微生物行为驱动环境中碳氮磷等元素在不同介质或者同一介质不同层次中迁移和转化的行为被称为生物泵（biological pump）。然而，由于农田土壤磷资源的匮乏与其特殊的生物物理化学特性，迫切需要我们对磷在土壤中的吸附解吸、溶解矿化和生物固定释放过程有更加深入的理解，以提高磷在农业中的生物有效性和控制磷在富营养化环境中的浓度。在各种手段中，借助微生物与植物之间天然的共生互生关系，调节土壤-微生物-植物系统中磷的动态变化，将是未来解决磷危机的重要手段之一。

硫是一种重要的生命营养元素，参与生物体内重要的生理生化过程。微生物驱动的硫循环主要包括有机硫的矿化、无机硫的氧化与还原作用。其中，土壤硫的氧化还原一直是土壤学和环境科学的研究热点和难点。硫酸盐（$SO_4^{2-}$）是环境中最稳定且最丰富的硫化合物，在硫元素的生物地球化学循环中具有特别重要的作用。土壤中硫的氧化主要发生在旱地土壤，而还原则主要是在淹水的水稻土中发生。土壤中硫酸盐的还原过程可改变土壤系统中微生物的群落格局。例如，由甲烷营养菌占主导的微生物群落结构因强烈的硫酸盐还原过程变成由硫酸盐还原过程占主导的微生物群落结构。稻田土壤淹水后，氧气很快就被消耗完，厌氧的功能微生物，如硝酸盐还原菌、铁还原菌、硫酸盐还原菌和产甲烷菌就可能成为水稻土中的优势种群。因此，土壤硫元素生物地球化学循环涉及一系列的生物、化学过程，对土壤生态系统的功能有着重要的影响。特别是土壤 $SO_4^{2-}$ 的微生物还原过程对其生物地球化学循环、重金属形态的转化、有机物污染物的降解，以及对温室气体产生的影响等有着重要的生态意义。硫与碳氮循环的微生学耦合机制研究是未来需要加强的方向之一。

铁是所有真核和大部分原核生物所必需的微量营养元素。微生物对土壤铁的氧化还原不仅决定着铁对生物体的可利用性，还通过改变土壤氧化还原势调控其他元素的氧化还原过程。微生物铁氧化还原显著影响土壤地球化学过程，在水成土和底泥中，包括有机物分解、矿质元素的溶解与侵蚀、地质矿物的形成、各种重金属离子的移动或固定、养分高效利用（Moore et al.，2001）和温室气体排放（Kampschreur et al.，2011）等。参与铁氧化过程的微生物主要涉及古菌和细菌。环境中主要存在 4 种营养型铁氧化菌：好氧嗜酸性和好氧嗜中性铁氧化菌，厌氧光能和依赖于硝酸盐的铁氧化菌。铁的微生物还原是发生在厌氧沉积物及淹水土壤中重要的微生物学过程（Li et al.，2011）。多种古菌和细菌都能在厌氧条件下将 Fe（III）还原成 Fe（II）而获得能量，通常把这些细菌叫做异化铁还原菌〔Dissimilatory Fe（III）-Reducing Bacteria〕。这些细菌在厌氧条件下，利用 Fe（III）作为呼吸链末端电子受体，实现电子在呼吸链上的传递，形成跨膜的质子浓度电势梯度，进而转化为其代谢所需的能量，所以 Fe（III）还原通常也叫 Fe（III）呼吸。细菌 Fe（III）还原通常是由呼吸链末端的铁还原酶催化完成的。另外，一些硫酸盐还原菌和产甲烷菌也能够还原铁，但是不能从中获得能量而生长。目前，尽管认识到微生物的氧化还原作用对铁的生物地球化学循环非常关键，但对其生理机制仍然缺乏系统的认识。对参与铁循环的相关蛋白、基因信息的进一步认识可以深入理解微生物对铁的氧化还原作用，以及铁氧化还原相关的生物技术应用。因此，探讨铁氧化还原微生物多样性，揭示微生物对铁的氧化还原作用机制是未来研究的重点之一。

在自然界中，碳、氮、磷、硫、铁循环之间存在着极为紧密的相互耦合（图 5-1）。土壤中的 C-N 生物地球化学循环涉及多种反应以及多种功能微生物的参与。稻田土壤氧化还原交替作用强烈影响着碳-氮循环过程，好氧条件下土壤有机碳在微生物的作用下降解为 $CO_2$，排放到大气中，或者被微生物同化合成生物量；厌氧条件下土壤有机碳通过一系列的微生物发酵降解过程产生小分子有机酸，最终形成甲烷排放至大气。氮循环的各个转化过程，如硝化、反硝化均与有机质的矿化分解和有效态含量密切相关，并受环境中 C/N 的控制。此外，化能自养的氨氧化微生物及厌氧铵氧化细菌本身即是一个重要的碳库，其活性与动态直接影响着碳源和汇的平衡。2012 年，Kellermann 等发现，在甲烷存在时，厌氧甲烷氧化古菌优先利用无机碳进行自养生长。因此，这些微生物也参与了 $CO_2$ 固定（Kellermann et al.，2012）。近年来，还陆续报道了可将厌氧甲烷氧化与亚硝酸盐还原耦合的细菌（Ettwig et al.，2010）和将厌氧甲烷氧化与硝酸盐还原耦合的古菌（Haroon et al.，2013）。同时稳定同位素和元基因组分析表明，厌氧铵氧化细菌通过乙酰 CoA 途径固定 $CO_2$，由此推测，这些微生物对碳循环也有重要影响（Schouten et al.，2004）。Prokopenko 等报道，厌氧铵氧化细菌与化能自养氧化硫细菌 Thioploca 形成的共生体可以将海底的氨和硝酸盐转化为氮气，估计由此产生的氮气可占海底总氮气的 $57\% \pm 21\%$（Prokopenko et al.，2013）。因此，土壤碳氮循环过程互相依赖，紧密联系。理解碳氮循环的耦合作用过程和机理，不仅是进一步认识氮循环，也是理解生态系统对全球变化的反馈和适应机理的重要出路。

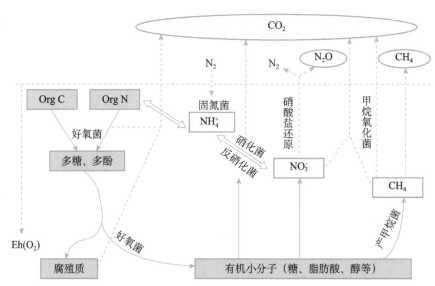

图 5-1 土壤微生物功能群网络介导的土壤碳循环和氮循环过程示意图

资料来源：于贵瑞等，2013

土壤中碳-氮-铁耦合的微生物分子生态学机制是土壤生物学研究的前沿之一。尤其是在稻田或湿地土壤氧化还原电位交替作用下，铁元素是土壤碳氮生物地球化学循环的重要调控因子，稻田土壤可能存在强烈的土壤碳氮铁生物地球化学循环的微生物耦合过程。在氧化还原电位较低的厌氧非根际土壤中，依赖于硝酸盐的厌氧型铁氧化菌能利用外界 Fe（II）作为电子供体，同时氧化硝酸根所释放出来的能量满足生长发育的需要。硝酸根作为厌氧铁氧化过程必需的电子受体，同时受到氨氧化（好氧微域）或厌氧铵氧化（厌氧微域）的调控。因此，明确鉴别土壤中碳-氮、碳-铁、氮-铁和碳-氮-铁生物地球化学过程的关键微生物驱动者，是深刻理解稻田土壤中碳-氮-铁耦合机理的前提。微生物驱动的地表过程耦合机制是目前微生物生态学和生物地球化学过程研究的前沿，而针对水稻土生态系统的微生物耦合机制的研究才刚刚开始，任重而道远。总之，在微生物的作用下，土壤中有机质与氮、磷、硫、铁等主要生源要素存在着相互耦合关系，这种耦合关系加剧了其过程的复杂性和不确定性。2008 年 1 月 *Nature* 发表专题论文讨论全球尺度上碳氮磷的耦合特征，强调一切微生物驱动的生物地球化学过程受制于生物体的化学计量特征（Thingstad et al.，2008）。不同生态系统化学计量的差异可以在一定程度上决定单一元素的循环特征。因此，碳氮磷硫铁物质和能量代谢新途径的发现与调控，以及生物多样性对碳氮磷硫铁元素循环的影响机制的研究是加深我们对这种耦合关系认识的重要途径。

土壤元素循环的微生物过程受自然因素（如气候、地质地貌、风沙活动及自然灾害等）和人为因素（如耕作、施肥、砍伐等）的影响和制约，这些因素可以在一定时间和空间尺度上促进或抑制土壤元素循环的微生物作用过程。土壤元素循环的微生物过程还可用于指示气候变化下某些生态系统的演变过程。因此，理解土壤主要元素循环的微生物过程对自然和人为因素的响应和反馈机理，对探讨土壤物质转化的调控技术措施，促使土壤物质的良性循环方向发展有着重要的科学意义。

由于土壤生物数量巨大、种类繁多、结构复杂、功能庞杂，通过简单的方法难以明确土壤复杂的生物地球化学过程的相互关系和内在规律。生物计量学可以定量描述土壤生物的存在状态和所担负的生态功能，是揭示土壤元素生物地球化学循环过程内在机制的有力工具，也是实现对土壤生态过程预测和调控的重要理论基础。计量学是推进当前土壤生物地球化学的微生物驱动机制研究的新工具（图 5-2）。因此，需要明确土壤生物地球化学过程的计量特征与土壤元素及环境的耦联关系，深入理解土壤微生物关键过程之间的相互作用及平衡制约关系。

综上所述，生物活动控制了土壤主要生源要素（碳、氮、磷、硫、铁等）的循环过程，是土壤中各种生源要素形成与转化的关键动力，也是联系土壤圈、大气圈、岩石圈、水圈和生物圈相互作用的纽带，对全球物质循环和能量流动起着不可替代的作用，被认为是元素生物地球化学循环的一个重要引擎，生源

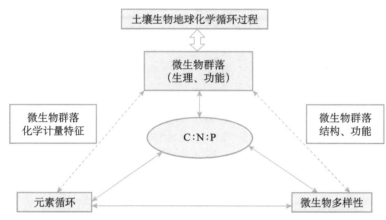

图 5-2　土壤生物地球化学关键过程计量特征概念框架图

要素诸元素循环紧密耦合，调控和驱动着生物地球化学过程。因此，解析土壤生物地球化学的微生物驱动机制，是深刻理解微生物功能与过程的重要突破口。

# 第二节　关键科学问题

在生物地球化学循环与土壤微生物驱动机制方面，以土壤主要生源要素（碳、氮、磷、硫、铁等）生物地球化学循环过程及其耦合的微生物驱动机制为核心，重点研究土壤碳-氮、碳-氮-磷、碳-氮-铁等多元素耦合过程及其与微生物之间的响应与反馈机制。主要包括下述三个关键科学问题：

1）关键生源要素耦合的生物地球化学过程机理；

2）自然和人为因素影响土壤元素循环的微生物响应机制；

3）土壤生物地球化学关键过程计量特征与调控机制。

# 第三节　优先发展方向和建议

## 一、土壤生源要素循环过程的微生物驱动机制

### （一）土壤碳循环过程微生物驱动机制

开展土壤微生物的大气 $CO_2$ 同化功能、固碳潜力与不同固碳途径的功能

微生物种群结构与数量及生物学机理研究，量化不同固碳途径（卡尔文循环、还原性三羧酸循环途径、厌氧乙酰辅酶 A 途径、3-羟基丙酸途径和琥珀酰辅酶 A 途径）对碳循环的相对贡献，从 DNA 和 RNA 水平分析土壤微生物同化 $CO_2$ 的分子机理。应用稳定同位素标记技术结合室内培养试验和田间实时观测系统，研究外源/新鲜有机质转化不同阶段土壤微生物功能种群演替及其与土壤环境条件的耦合机制，揭示不同外源新鲜有机碳对土壤碳微生物转化过程的影响机制，揭示碳氮磷耦合下的土壤碳转化的激发效应，阐明所产生的激发效应依赖于土壤碳氮转化的耦合/去耦合作用；探讨外源碳在土壤-微生物系统的分配与调节机制；阐释土壤有机质积累和消耗过程中微生物的作用机制与条件，阐明有机物分解和转化的微生物作用过程与土壤团聚体形成的耦合机理，揭示土壤有机质微生物转化过程与多种环境因子的耦合关系及其微生物调控机制（图 5-3）。

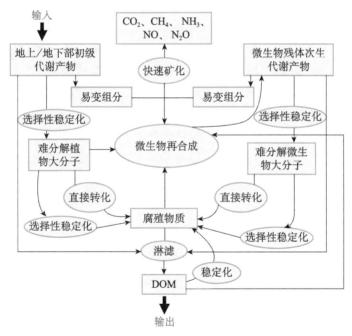

图 5-3　土壤有机质的微生物转化过程

资料来源：Zech et al.，1997

## (二) 土壤氮循环过程微生物驱动机制

系统研究典型生态系统固氮、硝化、反硝化、厌氧铵氧化和硝酸盐异化还原等过程的发生与联合机制，探讨这些过程转化的功能微生物的多样性及代谢活性；开展氮素转化关键微生物过程与机理的研究，并与相关观测及通量（如氨挥发、$N_2O$ 释放、硝酸根流失等）和反应速率（如矿化速率、硝化速率、反硝化速率、酸化速率等）研究相结合，利用同位素示踪与标靶基因相结合的方法，开展如厌氧铵氧化作用（anammox）和硝酸盐异化还原成铵（DNRA）等氮循过程与微生物相互作用的研究，揭示多环境因子作用下，土壤氮素循环微生物应答机制，以及这种应答如何影响氮素转化与氮肥利用率。而如何利用模型耦合，阐释氮素转化微生物作用机制与环境因子的关系，预测土壤生态功能及其维持机制也是未来需要重点探索的方向之一。

### （三）土壤磷转化过程微生物作用机理与专性基因发掘

采用 $^{32}P$ 或磷酸盐-$^{18}O$ 标记技术，结合室内培养试验与分子生物学手段，研究土壤磷素形态转化动力学过程与相关功能微生物种群响应的关系，揭示磷在土壤中的吸附解吸、溶解矿化和生物固定多过程耦合机制；探讨土壤磷素转化各个过程中相应关键微生物的作用机制以及碳氮磷硫生物计量学控制机制，阐明土壤磷转化的功能微生物作用机制。利用富集培养方法，分离鉴定土壤磷活化功能微生物，利用 DNA/RNA-SIP 技术进行功能基因分析，结合基因敲除技术，解析典型土壤中磷活化微生物的关键基因，揭示土壤微生物储磷解磷机制，探讨土壤磷素转化与功能微生物专性基因的分子生物学机制，以微生物与植物之间的共生互生关系，调节土壤-微生物-植物系统的磷的动态平衡，是提高土壤磷素利用效率与缓减全球磷危机的重要可行方案之一。

## 二、环境因子影响土壤碳、氮、磷循环的微生物响应与反馈机制

基于野外长期定位试验和过程模拟试验，利用原位表征技术、宏基因组学技术、宏转录组学技术和稳定性同位素（$^{15}N$ 和 $^{13}C$）示踪技术等，系统研究施肥制度、耕作制度、全球气温升高、水分管理，以及化学物质等因素影响和调控土壤生源要素的转化过程、损失过程、生物有效化过程和库容消长过程中微生物响应和作用机制，包括功能细菌、真菌和古菌的种群结构适应性机制，功能基因表达活性和活性种群演替规律，揭示环境因子变化调控土壤生源要素循环过程的功能微生物响应与驱动机理。

### 三、土壤生源要素耦合的微生物联作机制

采用微生物元素循环速率测定、模拟原位培养、网络生物学、信息学、拓扑学、生物统计学等手段及（元）组学等技术，对特定生境中的微生物群落进行生物网络构建，阐明关键生源要素循环过程的微生物互作关系（图 5-4）和时空分布、微生物功能多样性、种属多样性与基因多样性之间的复杂关系及对元素循环的影响及机制；揭示微生物互作对生物量的调控作用和机制及其对元素循环过程的影响；阐释环境微生物功能群体对元素循环的贡献效率及环境调控。研究微生物结构与功能多样性对土壤碳氮磷硫铁元素循环的影响与调控机制；探讨微生物碳氮磷硫过程与调控机制，通过数值模型预测未来环境变化在宏观水平上对温室气体形成和消耗、土壤关键生源要素演变的效应机制。同时，利用 2D-酶谱分析技术（2D-zymography）与根际沉积的放射自显影成像技术（$^{14}C$-成像），分析参与土壤碳氮磷硫过程的酶活性原位时空动态变化，建立植物-土壤-微生物耦合的酶学调控途径与机制。

图 5-4　表征微生物互作关系的数学模型

采用新型微生物宏基因组学、转录组学、蛋白质组学等多组学研究手段，同时结合稳定同位素、微生物单细胞/单基因组学技术，以生源要素诸元素循环紧密耦合，调控和驱动生物地球化学过程为出发点，围绕碳氮硫铁物质和能量代谢新途径及其调控与生物多样性对碳氮硫铁元素循环的影响，探索微生物碳氮硫铁元素的物质代谢新耦合途径和调控，揭示微生物能量获取、储存新机制及其与碳氮硫铁元素循环的耦联机制；探讨微生物功能多样性、种属多样性与基因多样性对碳氮磷硫铁元素循环的影响及机制等。

### 四、土壤关键生物地球化学过程的计量学

运用化学计量学、生物计量学、生态计量学的基本原理和方法，结合同位素标记与分子生物学技术，建立土壤关键生源要素（碳、氮、磷）化学-生

物-环境耦合的计量关系，阐明土壤关键生源要素（碳、氮、磷）微生物过程的计量学基本特征，探讨建立土壤生物化学计量学的基本原理和基本方法，构建基于生物化学计量学的土壤生物地球化学过程模型。包括：量化土壤碳氮磷微生物转化过程的基本动力学参数（如速率、产物）；定量评估不同功能微生物对碳、氮、磷、铁转化的相对贡献，构建基于生物化学计量的土壤碳氮磷微生物转化模型；揭示土壤关键元素循环规律及其元素间的耦合作用机制，并建立多元素循环的简化生态系统动力学模型等（图5-5）。

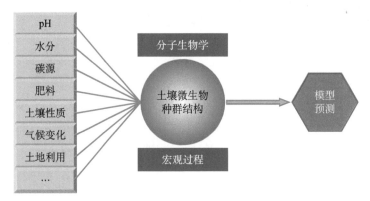

图 5-5　土壤微生物过程计量模型构架

资料来源：O'Donnell et al.，2007

# 参 考 文 献

于贵瑞，高扬，王秋凤，等. 2013. 陆地生态系统碳-氮-水循环的关键耦合过程及其生物调控机制探讨. 中国生态农业学报，21（1）：1-13.

Ettwig K F，Butler M K，Le Paslier D，et al. 2010. Nitrite-driven anaerobic methane oxidation by oxygenic bacteria. Nature，464：543-548.

Ge T D，Wu X H，Chen X J，et al. 2013. Microbial phototrophic fixation of atmospheric $CO_2$ in China subtropical upland and paddy soils. Geochim Cosmochim AC，113：70-78.

Gruber N，Galloway J N. 2008. An Earth-system perspective of the global nitrogen cycle. Nature，451：293-296.

Haroon M F，Hu S H，Shi Y，et al. 2013. Anaerobic oxidation of methane coupled to nitrate reduction in a novel archaeal lineage. Nature，500：567-570.

Kampschreur M J，Kleerebezem R，de Vet W W J M，et al. 2011. Reduced iron induced nitric oxide and nitrous oxide emission. Water Res，45：5945-5952.

Kellermann M Y，Wegener G，Elvert M，et al. 2012. Autotrophy as a predominant mode of carbon fixation in anaerobic methane-oxidizing microbial communities. Proc Natl Acad Sci

USA，109：19321-19326.

Li H J，Peng J J，Weber K A，et al. 2011. Phylogenetic diversity of Fe（III）-reducing microorganisms in rice paddy soil：enrichment cultures with different short-chain fatty acids as electron donors. J Soil Sediment，11：1234-1242.

Moore J K，Doney S C，Glover D M，et al. 2001. Iron cycling and nutrient-limitation patterns in surface waters of the World Ocean. Deep-Sea Res P T II，49，463-507.

O'Donnel A G，Young I M，Rushton S R，et al. 2007. Visualization modelling and prediction in soil microbiology. Nat Rev Microbiol，5：689-699.

Prokopenko M G，Hirst M B，De Brabandere L，et al. 2013. Nitrogen losses in anoxic marine sediments driven by Thioploca-anammox bacterial consortia. Nature，500：194-198.

Rütting T，Boeckx P，Müller C，et al. 2011. Assessment of the importance of dissimilatory nitrate reduction to ammonium for the terrestrial nitrogen cycle. Biogeosciences，8：1779-1791.

Schouten S，Strous M，Kuypers M M，et al. 2004. Stable carbon isotopic fractionations associated with inorganic carbon fixation by anaerobic ammonium-oxidizing bacteria. Appl Environ Microbiol，70：3785-3788.

Thingstad T F，Bellerby R G J，Bratbak G，et al. 2008. Counterintuitive carbon-to-nutrient coupling in an Arctic pelagic ecosystem. Nature，455：387-390.

Wu X H，Ge T D，Yuan H Z，et al. 2014. Changes in bacteria $CO_2$ fixation with depth in agricultural soils. Appl Microbiol Biot，98：2309-2319.

Young I M，Rushton S P，Shirley M D，et al. 2007. Visualization，modelling and prediction in soil microbiology. Nat Rev Microbiol，5：689-699.

Zech W，Senesi N，Guggenberger G，et al. 1997. Factors controlling humification and mineralization of soil organic matter in the tropics. Geoderma，79：117-161.

# 第六章
# 土壤生物与土壤肥力

## 第一节　科学意义与战略价值

　　土壤肥力性质是土壤最重要的属性。土壤生物与土壤肥力是土壤生物学的核心研究内容之一。作为陆地生态系统中的重要组成部分，土壤生物之间的相互作用是生态系统地上、地下结合的重要纽带。营养物质循环作为土壤-根系-微生物系统的主要过程及基本功能，是土壤肥力质量与健康的决定因素之一。研究土壤生物之间养分循环的协同调控机制，对于消除土壤障碍因子，提高土壤肥力和养分有效性等至关重要（图6-1）。

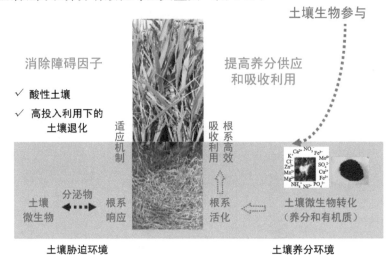

图 6-1　土壤生物参与土壤肥力提升的模式图

　　土壤有机质是陆地生态系统最重要的基础物质，决定着生态系统的功能。土壤有机质通过影响微生物活性来调控农田土壤肥力功能，而微生物又是土壤有机质循环的重要驱动力。理解微生物的代谢周转过程对于加强土壤有机质截获、提高土壤肥力和养分有效性等有重要意义。微生物群落通过对外界环境和养分变化的响应，传递相关信息，并通过改变一系列生物化学过程以适应外界环境变化。因此，土壤养分库的维持和提高以及农田生态系统养分高效利用的本质在于土壤养分的微生物高效转化以及对微生物过程的调控。在土壤-植物系统碳和养分输入与输出过程中，土壤微生物群落结构、功能和多样性以及相关代谢途径之间的协同与竞争，最终决定了土壤有机质代谢特征与肥力变化方向。只有通过对微生物代谢过程的调控，提高土壤养分库的容量和稳定性，才能增强养分持续供应能力。微生物同化外源养分时，需要足够的碳源以保证细胞体构成中生源要素比例的平衡。因而，碳源的活性和数量控制着养分同化过程的基因表达、代谢，以及相关的生物化学过程，并最终影响养分代谢过程以及养分供给能力。因此，无论在理论还是实践上，都可以通过碳源和能源调控手段，增加土壤养分固持和持续供应能力，提高土壤养分的利用效率。

　　各种土壤逆境因子，如干旱胁迫、涝害、盐害、重金属毒害、养分胁迫、土传病害等，均可抑制作物生长和发育，甚至造成作物绝收。作物遗传改良和土壤改良是提高作物耐逆能力的两种常见策略。近年来，越来越多的证据表明，微生物特别是根际微生物，在提高作物耐逆性能中可发挥重要作用。提高作物耐逆能力的微生物种类主要包括菌根真菌和植物根际促生菌。菌根真菌和植物根际促生菌通过调控作物根系发育、激素含量、营养平衡和抗氧化能力等多种机制，提高作物抵抗土壤逆境的能力。长期以来，土壤酸化被认为是世界上许多地区限制作物生产的重要因子。全世界大约40％的耕地属于酸性土壤，我国酸性土壤面积达218万平方千米，占全国土地总面积的22.7％（沈仁芳，2008）。由于人类活动的影响，特别是农田氮肥的大量施用，土壤酸化仍在加速（Guo et al.，2010）。上述土壤逆境因子不仅会发生在酸性土壤，而且土壤酸化还会诱导一系列酸性土壤的特异逆境，如铝毒、锰毒、质子毒害、低磷、缺钙、缺镁等，这些共存的土壤逆境极大地限制了酸性土壤作物生产力的提升（Zhao et al.，2015）。鉴于微生物在作物抵抗土壤逆境中的重要性，需要系统深入地研究微生物与作物适应酸性土壤等逆境的关系。

　　生物固氮是固氮菌将大气中的氮气还原成氨的过程，目前已发现的固氮菌有 100 多个属，可被分为三个类群：自生固氮菌、联合固氮菌和共生固氮菌。生物固氮是陆地氮素循环的重要组成部分，能增强土壤肥力，在农业生产及环境保护等方面有重要的价值。据估计，在农业生产中，生物固氮量为 $6 \times 10^7$ 吨/年，占作物总需氮量的 35%～50%，其中以豆科植物和根瘤菌所形成的共生固氮体系的固氮能力最强，固氮量占全部生物固氮量的 65% 以上。我国氮肥滥施现象严重，利用率极低，农业生产成本高，环境污染严重。为此，我们应该重视生物固氮的研究，加大对土壤固氮菌群的利用，在提高作物产量的同时，减少化肥使用，节约能源，保护环境。目前，国内外关于生物固氮开展了多方面的研究工作，并在土壤固氮菌群的多样性、高效固氮菌资源的开发与利用、豆科植物与根瘤菌共生固氮的分子机制及固氮酶的结构与功能等领域取得了一定的成果。基于这些成果，今后的研究应该主要依托生物学和土壤学的知识背景，充分利用以高通量测序技术为代表的现代分析手段，以土壤固氮菌群的动态演替及固氮功能基因的时空表达为重点，研究固氮生物驱动氮循环的机制，揭示固氮生物与环境的互作机理，探索应用固氮菌群的关键技术。

菌根（Mycorrhiza）是自然界中普遍存在的高等植物与微生物共生的现象。根据共生体结构特征的明显不同，菌根主要分为两种类型：外生菌根（Ectomycorrhiza）和内生菌根（Endomycorrhiza）。此外，还有一些特殊的菌根类型，如兰科菌根（Orchid Mycorrhiza）和杜鹃科菌根（Ericoid Mycorrhiza）。外生菌根主要存在于树木根系，在植树造林中具有重要作用，而近 85% 的植物科属和几乎所有的农作物都能够形成内生菌根，其在自然生态系统和农业生产实践中的重要作用也日益为人所知。在菌根共生体系中，植物供应光合产物维系菌根真菌生长，而菌根真菌则帮助植物从土壤中吸收矿质养分，特别是在土壤中移动性较差的磷及微量元素铜、锌等（Smith S E and Smith F A，2011）。增强植物对土壤磷的摄取能力是菌根共生体的最重要功能，菌根真菌对土壤磷的吸收和传输机制也是特异高效的，这不仅是菌根共生体系互惠关系的基础，也被认为是菌根帮助植物适应各种逆境胁迫的生理基础（图 6-2）。菌根真菌庞大的根外菌丝网络不仅大幅度地延伸了根系吸收范围，而且对土壤理化性质产生影响，从而促进难溶性无机磷的释放（Ryan et al.，2007）；根外菌丝中表达的磷转运蛋白可能直接参与了从土壤中获取磷的过程（Fiorilli et al.，2013）；菌丝吸收的磷以聚磷酸盐颗粒形式向宿主植物的根部输送，在植物-真菌交换界面-丛枝结构-聚磷酸盐解体释放出磷酸根离子传输给根细胞（Hijikata et al.，2010）。总体上，有关菌根真菌吸收并向植物传输磷的生理和分子机制的研究目前已比较系统深入，近年的研究热点集中于菌根特异磷转运蛋白的克隆及功能机制，以及不同菌根真菌共生效率差异机制等。

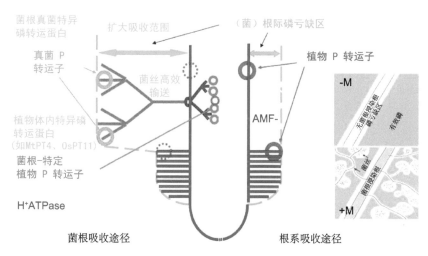

图 6-2 菌根促进植物吸收土壤磷的机制

　　除了共生的固氮菌和菌根真菌，土壤中还存在着许多其他对植物有益的微生物类群，它们能够促进植物生长、提高植物对养分的吸收、增加作物产量、增强作物抵御病虫害的能力，是土壤微生物学和农业微生物学的主要研究对象之一。近年来，土壤益生菌的资源多样性、促生和生防机制研究获得了较多进展，在益生菌组学研究、益生菌与植物的信号识别和分子互作，以及益生菌的根际定殖、功能机制与调控等方面取得了实质性突破，土壤益生菌在养分高效利用方面的研究也受到广泛关注（Miransari，2011）。植物能分泌特定脂肪酸甲酯和脂肪酸酰胺化合物促进根际益生菌对氮素的转化（Lu et al.，2014）；益生菌能够通过自身固氮作用及产生有机酸降低植物根际土壤 pH、分泌胞外酶和螯合剂等活化土壤中的磷、钾和铁等元素，提高养分的生物有效性（Lakshmanan and Bais，2013）；益生菌还可以通过调节根系构型、根毛和根系深度，提高养分的空间有效性（Mantelin et al.，2006）。益生菌还能产生植物激素（主要包括生长素、细胞分裂素和赤霉素等）改变植物根系的生长发育，间接调节植物的养分利用能力（图 6-3）。益生菌如根际促生菌（PGPR）与土壤中根瘤菌和丛枝菌根真菌等共生微生物的联合施用在活化土壤养分、促进养分高效利用中的协同作用是目前研究的热点之一（Couillerot et al.，2013）。

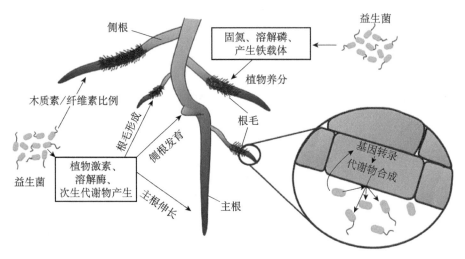

图 6-3　土壤益生菌促进植物吸收养分的机制

在自然生态系统中，土壤病原微生物在植物群落的形成和演替中起关键作用。在农业生态系统中，特别是集约化作物生产系统（如温室），植物病害常常是决定生产效益的主要因子。对于土传病菌，常无有效控制办法，大量施用化学药剂，不仅增加生产成本，还影响人畜食品安全，并引起环境污染。土壤中许多病原微生物对植物病原菌有拮抗作用（antibiosis）。但目前对绝大多数拮抗菌（antagonists）或其复合体系（antagonistic microbial complexes/consortia）的本质及其作用机理了解不清。

# 第二节　关键科学问题

在土壤生物与土壤肥力方面，重点围绕以下关键科学问题，研究土壤-微生物界面和根系-微生物界面的养分循环过程与高效利用机制（图 6-4）：

1）土壤养分库维持和提升的微生物机制；

2）影响养分吸收利用的根系-微生物互作机制；

3）土壤-植物系统中养分循环的土壤生物调控机制。

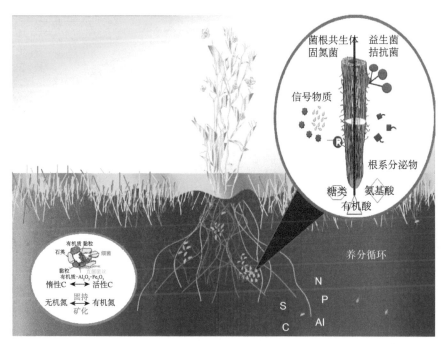

图 6-4　土壤-微生物界面和根系-微生物界面的养分循环与高效利用

# 第三节　优先发展方向和建议

优先发展土壤微生物与土壤养分转化和固持，土壤微生物及微生物-根系互作与土壤逆境，生物固氮与氮素高效利用，菌根与磷素高效利用，土壤益生菌与养分高效利用和拮抗菌与根系健康及养分利用六个方向，重点研究土壤-植物-微生物协同高效转化利用养分的互作机制（图 6-5）。

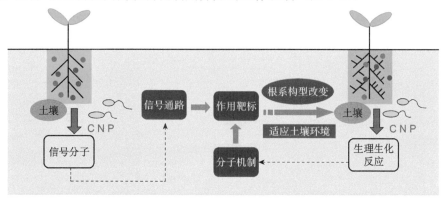

图 6-5　土壤-植物-微生物协同高效转化利用养分的互作机制

# 一、土壤微生物与土壤养分转化和固持

## （一）土壤养分库维持和提升的微生物机制

1）养分转化与固持：土壤养分库（指通过转化过程能被作物吸收利用的氮磷等养分容量）维持和提高，以及农田生态系统养分高效利用的本质在于土壤微生物对养分的转化和固持。土壤或肥料中养分的微生物同化特征（策略），以及微生物群落在结构及功能上的变化与土壤养分积累的动态关联已成为土壤养分转化与固持研究的关键。优先发展领域主要是多尺度下微生物群落结构的演替，以及微生物代谢物积累和土壤养分转化和固持的关联，建立从功能基因表达、群落结构变化到养分代谢过程的有机联系。在基因水平上探讨群落功能的多样性，而在代谢水平上阐明微生物过程的协调性和系统性。

2）养分活化与持续供应：在微生物代谢过程中，所固持的养分以代谢物或残留物的形态在土壤中积累，并可通过解聚矿化过程为作物和微生物持续提供可利用养分。因而，优先发展方向包括预测微生物代谢物及残留物的养分供应潜力，阐明功能性酶的活性，以及与土壤养分特征的计量关系，认识潜在有效养分库的积累过程、容量因素和矿化过程及调控机制，并通过对养分代谢组分解聚矿化过程的调控来保证养分的持续供应。

## （二）微生物过程与土壤养分转化的调控

碳的核心代谢途径与土壤养分转化过程和能量代谢密切相关，在底物水平、养分同化过程和基因表达等多尺度、多过程上实现对养分转化与固持的调节。因此，碳和养分元素的耦合是调控养分固持与转化的核心。优先发展领域为：在揭示有机碳转化过程及微生物利用的基础上，通过微生物能源和碳源调控手段，定向调控微生物群落结构和功能，进而调控养分同化速率，增强养分固持和持续供应能力，阻控土壤养分损失，提高养分利用率。

# 二、土壤微生物及微生物-根系互作与土壤酸化逆境

土壤酸化逆境是我国现阶段最重要的土壤逆境之一，虽然微生物被认为在作物抵抗土壤逆境中具有重要作用，但关于微生物在作物抵抗酸性土壤逆境中的作用机制尚不清晰。一些报道表明，丛枝菌根能够帮助植物抵抗铝毒，但其机制还不明了。研究微生物在作物抵抗酸性土壤多逆境胁迫中的作用及其机制显得尤为必要。具体来讲，优先发展领域如下：

1) 从酸性土壤农田栽培体系和自然生长体系中，结合元基因组学的方法，系统筛选、分离、鉴定有效菌根真菌、根际促生菌、固氮菌。

2) 采用单接种、双接种、多接种的方法，在室内培养和田间栽培等不同条件下，研究菌根真菌、根际促生菌、固氮菌对作物适应不同酸性土壤逆境因子的影响，逆境因子优先考虑铝毒、锰毒、酸害、低磷和低氮。

3) 从土壤理化性状、微生物本身特点和植物生理生化等多个方面，系统深入地研究有效菌根真菌、根际促生菌、固氮菌提高作物抵抗酸性土壤逆境的机理，侧重考虑养分吸收、信号传导、抗氧化能力、激素分泌、根系发育等效应。

4) 摸索和探讨酸性土壤微生物的根际定殖和接种方法，并依据微生物与作物适应酸性土壤的机理，提出利用微生物提高酸性土壤作物适应能力的策略和应用方法。

5) 通过对酸性土壤和作物接种菌根真菌、根际促生菌、固氮菌等微生物，在田间进行相关理论的应用与示范推广，探讨通过微生物途径提高酸性土壤作物耐逆能力的可行性。

## 三、生物固氮在提高氮素高效利用中的作用机制

### （一）固氮菌群的演替及其对氮肥减施增效的生态功能

基于宏基因组技术，利用生物地理学技术和分子生态学手段，结合大数据统计，在时间和空间序列上对土壤固氮菌群及其功能进行系统研究，揭示固氮菌群在土壤中的分布及演替规律，分析各类群固氮菌在各自生态位上固氮功能基因的时空表达规律。通过绘制土壤氮素代谢网络，分析由固氮菌主导的土壤氮素流动方向和转化过程，揭示生物固氮与生态环境变化之间的关系。研究不同生态系统中固氮菌群的分布与功能，分析固氮菌群促进作物增产及土壤修复的生物学机制及其影响因素，以此为基础开发高效利用固氮菌的新技术和新工艺，挖掘固氮菌群在氮肥减施增效方面的生态功能。

### （二）固氮菌群-植物的互作机制与氮素高效利用

以联合固氮菌、共生固氮菌及其宿主植物为研究对象，通过比较基因组学和系统进化研究，讨论固氮菌群与植物互作的分子机制。绘制固氮菌与植物的蛋白互作网络，分离和鉴定参与互作过程的功能基因及其调控蛋白，阐明互作信号分子的接受、传递及其调控的机制。重点研究根瘤菌与豆科植物

的共生过程，揭示根瘤菌和豆科植物中与共生固氮相关的基因及其表达、调控机制，以此为基础开展非豆科植物根瘤共生的研究，扩大根瘤菌的宿主范围，为实现重要谷类作物的共生固氮奠定理论基础，减少氮肥投入，提高氮素利用率，提升低肥力土壤的生产力。

## 四、菌根与磷素高效利用机制

在资源和环境问题日益严峻的背景下，菌根技术作为一条有效可行的生物学途径，能够发掘生物的自身潜力，提高植物对自然资源的利用效率，从而降低能耗，减轻环境所承受的压力，因而在农业生产和生态文明建设方面有着广阔的应用前景。围绕菌根与土壤磷素高效利用，目前仍有一些基础科学问题和应用技术瓶颈尚待突破。

### （一）磷胁迫下根系-菌根真菌互作过程的信号物质挖掘及作用机制

研究磷胁迫（缺乏和过量）条件下，菌根共生体系建成过程中，植物源和微生物源信号物质在调节植物与菌根真菌碳-磷协同代谢方面的作用机制，探寻菌根活化吸收土壤磷的分子调控途径。

### （二）磷高效菌株的筛选、表征和遗传稳定性

以磷素高效利用为目标，从不同农田生态系统和特殊生境分离筛选具有不同生态适应性的菌根真菌，建立高效菌株的生物学和生理指标体系（biological and physiological traits），结合模拟生物学实验和分子生物技术研究其功能机制和遗传稳定性。

### （三）农田生态系统中菌根功能调控

基于长期定位试验，揭示菌根真菌在农田生态系统中的生态功能，特别是在促进磷素循环与高效利用方面的潜力，并探寻菌根潜能最大化的技术途径，为构建高产优质高效可持续发展农业模式提供科学和技术支撑。

## 五、土壤益生菌与养分高效利用机理

近年来，人们对土壤益生菌与养分高效利用的研究取得了重要进展，但益生菌应用效应不稳定，需要进一步对益生菌种质资源的深入挖掘、功能机制及调控等方面开展深入研究，具体优先发展领域包括以下三个方面。

## （一）促进养分高效利用的土壤益生菌筛选及功能强化

利用分子生态学技术分析土壤益生菌关键功能基因多样性和丰度，发现和认识与养分高效利用密切相关的未培养土壤益生菌，为进一步分离获取高效菌株提供理论和技术支持。揭示土壤益生菌功能机制的遗传基础、信号识别和传递机制、生态生理功能的基本调控网络，并在此基础上利用遗传工程技术改良和强化益生菌与养分高效利用相关的性状。

## （二）影响氮素利用的根系-土壤益生菌互作的信号物质挖掘、作用机制和调控网络

分离和鉴定根系-土壤益生菌互作中影响氮素利用的植物源与微生物源信号物质，阐明信号物质在调节氮素转化、吸收和利用方面的识别、生理生化和分子作用机制，并探讨信号物质在根系-土壤益生菌界面的释放留存特征及其调控效应。应用组学技术，探讨作用机制的调控网络结构和关键节点。有关土壤益生菌群体效应（quorum sensing）和生物膜（biofilm）形成的分子机制和调控研究也是潜在的突破点。

## （三）土壤益生菌的生态调控及应用

研究土壤益生菌和根际微生物群落的互作，通过原位和模拟条件下分析微生物组成与功能的演替规律，构建提高土壤益生菌竞争力并强化其养分活化功能的微生物群落；研究主导土壤益生菌活性的关键土壤环境因子，并对优质益生菌种质资源进行大田实际应用，指导优良菌株选育及复配、下游产品加工和配套应用技术等，提高土壤养分利用率，提升土壤生产力。

# 六、拮抗菌与根系健康及养分利用

探寻与鉴别对重要植物病原菌具有拮抗作用的微生物或微生物复合体系（microbial complexes/consortia），澄清其对植物病原及病害的抑制机制，揭示植物-病菌-拮抗菌复合体系（plant-pathogen-antagonist complexes）的时空动态及关键调控因子，保障土壤生物逆境环境下作物的健康生长和养分的高效利用，实现土壤肥力的发挥和提升。

# 参 考 文 献

沈仁芳 . 2008. 铝在土壤-植物中的行为及植物的适应机制 . 北京：科学出版社 .

Couillerot O, Ramirez-Trujillo A, Walker V, et al. 2013. Comparison of prominent *Azospirillum* strains in *Azospirillum-Pseudomonas-Glomus* consortia for promotion of maize growth. Appl Microbial Biot, 97: 4639-4649.

Fiorilli V, Lanfranco L, Bonfante P. 2013. The expression of GintPT, the phosphate transporter of *Rhizophagus irregularis*, depends on the symbiotic status and phosphate availability. Planta, 237: 1267-1277.

Guo J H, Liu X J, Zhang Y, et al. 2010. Significant acidification in major Chinese croplands. Science, 327: 1008-1010.

Hijikata N, Murase M, Tani C, et al. 2010. Polyphosphate has a central role in the rapid and massive accumulation of phosphorus in extraradical mycelium of an arbuscular mycorrhizal fungus. New Phytol, 186: 285-289.

Lakshmanan V, Bais H P. 2013. Factors other than root secreted malic acid that contributes toward *Bacillus subtilis* FB17 colonization on *Arabidopsis* roots. Plant Signal Behav, 8: e27277.

Lu Y F, Zhou Y R, Nakai S, et al. 2014. Stimulation of nitrogen removal in the rhizosphere of aquatic duckweed by root exudate components. Planta, 239: 591-603.

Mantelin S, Desbrosses G, Larcher M, et al. 2006. Nitrate-dependent control of root architecture and N nutrition are altered by a plant growth-promoting *Phyllobacterium* sp. Planta, 223: 591-603.

Miransari M. 2011. Soil microbes and plant fertilization. Appl Microbiol Biotechnol, 92: 875-885.

Ryan M H, McCully M E, Huang C X. 2007. Relative amounts of soluble and insoluble forms of phosphorus and other elements in intraradical hyphae and arbuscules of arbuscular mycorrhizas. Funct Plant Biol, 34: 457-464.

Smith S E, Smith F A. 2011. Roles of arbuscular mycorrhizas in plant nutrition and growth: new paradigms from cellular to ecosystem scale. Annu Rev Plant Biol, 62: 227-250.

Zhao X Q, Chen R F, Shen R F. 2015. Co-adaptation of plants to multiple stresses in acidic soils. Soil Sci, 179: 503-513.

# 第七章

# 土壤生物与全球变化

## 第一节　科学意义与战略价值

全球变化研究是当今自然科学研究领域的热点之一。在过去的近 200 年，大气中的温室气体（$CO_2$、$CH_4$、$N_2O$ 等）浓度以惊人的速度上升，造成地球温度的升高，并引起其他气候因子（如降水格局、氮沉降等）的明显变化。预计到 21 世纪末地球的平均温度将升高 1.4～5.8℃。全球变化将成为历史上未曾出现过的一种大尺度的环境干扰压力，使得陆地生态系统的生境长期处于一种连续性的被干扰状态，对自然生态系统和社会经济产生显著影响，并在未来数十年乃至更长的时间尺度将继续产生更加严重的影响。我国人口众多、生态环境脆弱，在全球变化背景下，实现可持续发展面临着更为严峻的挑战，研究气候变化的调控措施和适应对策将是我国科技界长期而艰巨的任务。

全球变化不仅影响地上植被生长、生理特性和群落组成，还直接或间接地影响地下生态系统结构、功能和过程。同时，地下生态过程会对全球变化产生反馈，加强或削弱全球变化给土壤生态系统带来的影响。因此，地下生态过程对全球变化的响应和适应是预测未来全球变化的主要不确定因素之一。在陆地生态系统中，土壤生物区系是分解者食物网的重要组成部分，并且是分解和养分矿化等元素循环过程的主要调节者，在驱动陆地生态系统碳、氮循环过程中发挥着重要作用，对于评价陆地生态系统对全球变化的反馈至关重要。随着陆地生态系统对气候变暖响应和适应的生物学机理日益受到关注，急需了解气候变暖背景下土壤生物对全球变化的响应和适应及其潜在的反馈作用。但是，相对于地上植被研究，土壤生物如何响应和反馈全球变化的相关研究还很匮乏。因此，通过在野外布设多因子控制试验来研究土壤生物群落的结构和功能及其对全球变化因子的响应与适应，对于准确理解气候变暖对陆地生态系统产生的影响具有重要意义，也可为预测未来全球环境变化的发展趋势以及制定适应和减缓全球变化的对策提供数据支持与理论依据。

全球变化的直接原因是大气中温室气体浓度的升高。根据 IPCC 的评估报告，目前大气中 $CO_2$、$CH_4$ 和 $N_2O$ 三类温室气体的浓度已分别比工业革命前增加了 35%、148% 和 18%，由此导致的温室效应分别约为 1.46 瓦/米$^2$、0.48 瓦/米$^2$ 和 0.15 瓦/米$^2$（IPCC，2013）。$CH_4$ 和 $N_2O$ 不仅具有增温效应，而且还是大气层最重要的化学活性物质，影响大气层的化学过程。例如，释放到大气的 $N_2O$ 最终几乎全部进入平流层，对平流层的臭氧化学产生严重影响，在氟利昂气体被禁用后，$N_2O$ 已成为破坏平流层臭氧最重要的活性气体。

由此可见，土壤生物群落一方面在陆地生态系统的有机质分解、养分循环、各种污染物质的转化与分解中起重要作用，对土壤生态系统的结构和功能、土壤肥力形成和持续发展产生重要影响；另一方面，部分土壤生物群落还直接参与温室气体的产生和转化，影响大气化学。因此，研究土壤生物对全球变化的响应、适应、反馈和调节功能，不仅将为土壤生态系统的优化管理和可持续利用提供理论基础，也可为预测地球系统和大气化学变化提供依据。下面将对土壤生物与全球变化研究的国内外发展趋势进行分析，并提出拟解决的关键科学问题及我国未来 5~10 年拟优先发展的研究方向。

# 第二节　国内外发展趋势分析

1）温室气体产生和转化的土壤微生物学机理

在全球尺度上，土壤生物多样性远远高于植物和大型动物。土壤生物在生态系统中具有重要的功能。它是土壤碳循环的中心环节，对于土壤中有机物质的转化、分解和积累，温室气体的排放和全球气候变化，养分循环和土壤肥力的形成发展和演化均具有重要作用。

陆地生态系统中，主要由高等植物吸收大气中的 $CO_2$ 发挥固碳作用，而土壤微生物通过异养呼吸作用产生 $CO_2$ 并向大气释放。土壤学家长期致力于研究由土壤微生物异养呼吸引起的有机质分解及影响因子，揭示了微生物群落结构和丰富度与 $CO_2$ 排放之间的关系。植物根系分泌物为土壤微生物提供有效能源和碳源，根际微生物的组成结构和活性可显著影响土壤呼吸作用和$CO_2$排放。研究者通过应用分子生物学与稳定同位素示踪相结合的方法，开展了一系列植物光合同化碳在根际微生物群落之间分配去向的研究（Lu and Conrad，2005），发现不同条件下植物光合同化碳在地上与地下的分配去向，以及根际异养微生物的呼吸活性存在显著差异。揭示了不同生态系统光合同化碳在地上与地下的分配规律，并针对不同气候区域构建了土壤碳循环的基础模型。在此基础上，研究工作进一步聚焦土壤异养呼吸对温度变化的响应。一些大尺度的模型模拟研究表明，近20年来全球尺度的陆地$CO_2$排放通量与气温增加呈显著正相关（Mahecha et al.，2010；Yvon-Durocher et al.，2012）。

针对大气$CO_2$浓度的持续升高，目前地球工程和自然碳捕获技术的开发应用正日益受到人们的关注。发展土壤固碳技术具有很大潜力，根据模型估计，通过合理土壤管理，全球土壤系统预计至少可捕获$10 \times 10^{10}$吨碳。土壤微团聚体的形成和稳定在土壤固碳过程中起关键作用，研究发现生物因子特别是菌根真菌对微团聚体形成非常重要。由丛枝菌根真菌分泌的球囊霉素具有疏水性质，是一种天然土壤黏结剂，可促进土壤团聚体形成（Bedini et al.，2010）。其他还有一些微生物分泌物，如疏水因子也可对微团聚体的形成起促进作用。研究发现，土壤固碳潜力与产生球囊霉素和疏水因子的真菌多样性有密切关系。随着分子生物学特别是组学技术的发展，研究者有可能通过自然调控或基因改造促进土壤微团聚体的形成和稳定化，发展土壤碳捕获生物技术。

同$CO_2$排放相比，全球$CH_4$的排放更直接地受到微生物的控制。在缺氧土壤，如水稻土和自然湿地中，有机物质会发生厌氧降解，形成最终产物甲烷（图7-1）。甲烷是仅次于$CO_2$的温室气体。大气中甲烷的来源分为自然源和人为源，目前大约三分之二的大气甲烷来自人为源，主要包括畜牧、稻田、采煤、油气工业、垃圾填埋和生物质燃烧等；湿地则是甲烷排放最主要的自然源。约70%的大气甲烷排放起源于缺氧环境的微生物活动。近10多年来，学术界针对缺氧土壤有机质降解和产甲烷的微生物学机理开展了广泛研究并取得了一系列进展。例如，欧美科学家针对北半球湿地特别是泥炭沼泽地的有机质降解和甲烷产生机理开展了系统研究，通过分子生物学和传统分离培养相结合的方法，探明了北半球典型酸性泥炭土中起关键作用的产甲烷古菌群落（Brauer et al.，2006）。德国、日本和我国科学家则对水稻田和高寒湿地的有机质降解和产甲烷过程机理开展了大量研究（图7-2），发现在水稻土中起关键作用的新型产甲烷古菌和新型产甲烷途径（Lu and Conrad，2005；

Erkel et al.，2006）。这些研究成果为调控和减缓湿地和稻田的甲烷排放提供了理论基础。

图 7-1　缺氧土壤如水稻田中有机物质的分解及甲烷的产生过程

注：有机质在厌氧发酵菌的作用下将复杂有机质分解成脂肪酸类中间产物，这些物质在互营细菌作用下厌氧氧化生成氢气、乙酸和 $CO_2$，最终被产甲烷菌利用形成甲烷和 $CO_2$

（a）未添加对照

（b）添加纳米磁铁矿

图 7-2　纳米磁铁矿对水稻土丁酸互营氧化富集物的影响

资料来源：Li et al.，2015

注：Li 等（2015）发现在水稻土丁酸互营氧化富集物中加入纳米磁铁矿可显著促进产甲烷过程。该研究揭示微生物-矿物相互作用对有机质分解过程的重要调控机理

土壤微生物不仅可产生甲烷，而且某些种类还可氧化消耗甲烷。甲烷氧

化菌即是一类独特的微生物，能将甲烷彻底氧化成 $CO_2$ 和水，是地球系统甲烷排放的天然削减器。在森林、草地土壤中，甲烷氧化菌每年大约氧化 $30 \times 10^6$ 吨甲烷，成为大气甲烷的"汇"。而在湿地、水稻土和垃圾填埋场等环境，甲烷氧化菌每年约氧化 $60 \times 10^7$ 吨甲烷，约相当于这些环境中甲烷产生总量的 50%。可见，甲烷氧化菌在全球甲烷循环中起着极其重要的作用。近 10 多年来，土壤甲烷氧化过程研究的争论焦点之一是氮肥使用对甲烷氧化的影响。由于催化甲烷氧化第一步的甲烷单加氧酶对甲烷和氨具有底物兼容性，铵态氮可与甲烷竞争甲烷单加氧酶，从而对甲烷氧化产生抑制作用。另外，甲烷单加氧酶在氧化氨的过程中会产生一些有毒物质如羟胺和亚硝酸，这将直接影响甲烷氧化菌的活性和功能。因此，过去大量研究发现在森林和草原等自然土壤氮肥施用可显著抑制甲烷氧化过程。但随后在水稻土的一系列研究发现，氮肥不仅没有产生抑制作用，反而显著刺激了甲烷氧化。其机理可能与水稻土中氮素相对匮乏，有效性较低，导致甲烷氧化菌经常处于氮素饥饿状态有关。目前，相关机理研究还在不断发展中。

$N_2O$ 是第三大温室气体，其单分子的致热效应是 $CO_2$ 的 269 倍。在 20 世纪 80 年代以前，土壤学家普遍认为土壤中 $N_2O$ 只是反硝化过程的中间产物。80 年代以后，土壤学家证实 $N_2O$ 也可由硝化过程产生，土壤排放的 $N_2O$ 是硝化过程和反硝化过程的综合结果。硝化和反硝化过程对 $N_2O$ 排放的相对贡献率因土壤和环境条件而变化，目前大量研究工作致力于区分硝化作用和反硝化作用对于净 $N_2O$ 通量的相对贡献。然而，在生态系统尺度上土壤微生物如何调控这些过程尚不清楚。硝化作用产生的 $N_2O$ 通常认为是由化能自养的氨氧化细菌产生。然而，近年来的研究表明，部分古菌也在硝化作用中发挥着重要作用。相反，反硝化作用是多个步骤的过程，每一步都由特定的微生物类群所调节（图 7-3）。反硝化过程中 $N_2O$ 仅仅是中间产物，如果反硝化作用完成彻底，则产生 $N_2$ 而不会导致 $N_2O$ 排放。但反硝化作用的氧化亚氮还原酶由于位于细胞的周质空间，易受各种环境因子的干扰而降低活性，引起 $N_2O$ 释放。研究表明土壤 $N_2O$ 的排放与反硝化菌群落结构和氧化亚氮还原酶的活性密切相关。

尽管土壤微生物过程对生物来源的温室气体（$CO_2$、$CH_4$ 和 $N_2O$）的排放发挥着关键作用，并且很可能对气候的变化作出快速响应。然而，微生物过程的变化是否会导致温室气体排放的正反馈或负反馈目前尚不清楚。为了改进气候模型的预测，理解微生物调节陆地温室气体排放的机制非常重要。

此外，通过有效调控管理陆地微生物过程降低温室气体的排放，从而减

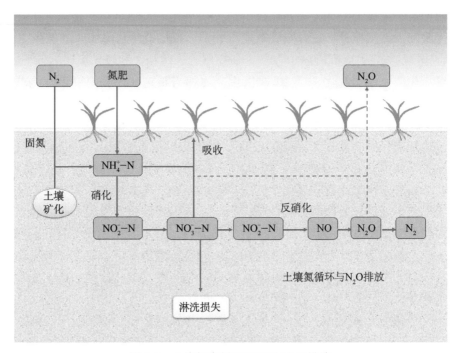

图 7-3　土壤氮素循环过程及 $N_2O$ 排放

缓气候变化是另一个备受关注的科学问题。例如，蚯蚓作为"土壤生态系统的工程师"，在陆地生态系统碳循环中发挥着重要作用。有研究表明蚯蚓可以加快碳的活化过程，但也可通过"稳定"和"矿化"的不对等效应促进碳的净固存（Zhang et al.，2013）。

2）土壤生物对全球变化的响应与反馈

人类活动引起的全球变化会对陆地生态系统产生深远的影响。在过去 20 多年中，科学家对全球变化因子对陆地生态系统结构和功能的影响进行了广泛研究（傅伯杰等，2005；Smith and Fang，2010）。所涉及的环境变化因子包括：气温升高、$CO_2$ 浓度升高、大气氮沉降、降雨格局变化、生物入侵和土地利用变化等。气温升高是全球变化的主要表现之一，已导致了一系列环境问题，如海平面上升、降水时空分布格局变化和极端灾害事件频繁发生等，直接或间接地对陆地生态系统产生影响。气温升高不仅影响地上植被生长和群落结构（Wardle et al.，2004），还影响地下土壤生物群落结构和功能（Yergeau et al.，2012）。$CO_2$ 浓度升高可以通过影响植被的群落结构、生产力和改变向土壤输入光合产物的数量和质量来间接地影响土壤生物。氮沉降增加会显著影响土壤氮素循环微生物的群落结构和功能，还可通过改变地上植被群落的结构与生产力、改变植物向地下部的碳输入，影响地下土壤生物群落的活性并调控土壤养分循环过程。全球变暖可以通过改变全球大气环流和水文循环改变全球和区域的降雨格局。降雨格局的变化可以对陆地生态系统产生深远的影响，对于干旱、半干旱地区，降雨格局变化的影响可能要超过温度和 $CO_2$ 升高的影响。

土地利用方式体现为人类活动对陆地生态系统显著的改变。人类活动引起的土地利用变化是全球范围内生物多样性丧失和生境退化的主要驱动因子之一。土地利用方式的变化，尤其是自然森林向农田和草地的转变会显著影响土壤生物群落，降低土壤生物的活性和数量。土地利用强度的改变也会显著影响土壤生物，影响生态系统的功能和可持续性。外来物种入侵是导致物种多样性减少和自然生境退化的主要原因之一。相对于地上植被和大型动物的入侵生物研究，我们对地下土壤生物的入侵及其对生态系统过程的影响了解较少。土地利用方式变化和生物入侵虽然并非导致全球变化的直接因素，但在全球变化背景下，它们所引发的生态环境问题将会得到难以预测的放大。

在过去 20 多年，尽管针对陆地生态系统的响应与反馈问题已开展了广泛研究，但是，科学家日益意识到对全球变化效应的理解需要考虑地上和地下生物的相互联系（Wardle et al.，2004）。例如，植物为土壤微生物群落提供有机质作为营养和能量的来源，而土壤有机质又在微生物的作用下进行分解和转化，释放可供植物所利用的养分。全球变化对陆地生态系统的影响在很大程度上取决于地上部分的间接效应（如植物群落组成、植物功能属性、碳分配格局和植物来源的有机质进入土壤的数量和质量等）。地下部分可以间接或直接地响应全球变化，并作出反馈，进而影响地上生物、生态系统养分动态和温室气体排放。地上-地下相互作用在调控生态系统属性和功能方面发挥着非常重要的作用，对于调控生态系统对全球变化的响应至关重要。然而，由于缺乏相关的理论基础，目前并没有将地上-地下相互作用整合到气候预测模型中，这大大限制了对全球变化生态学效应的预测能力。因此，理解全球气候变化对陆地生态系统的影响，以及陆地生态系统的反馈需要充分考虑土壤生物及其与地上生物的联系。

生态系统对环境变化的响应还会随时间的增加而呈现出适应的现象。例如，土壤呼吸对增温的响应，在一开始时表现为迅速上升，但到达峰值后逐渐下降，在增温十年后又回到了初始水平。多个长期定位试验的结果表明，不论是土壤生物还是地表植被的群落结构，在环境因子变化的最初几年与多年以后的差异很大。因此，在长时间尺度上研究土壤生物群落的结构和功能及其对全球变化因子的响应与适应，对于准确理解全球变化对陆地生态系统产生的影响具有重要意义，也可为预测未来全球环境变化的发展趋势，以及制定适应和减缓全球变化的对策提供数据支持与理论依据。

此外，探究气候变化与土地利用变化的交互作用，也是理解人类社会减缓和适应气候变化、预测气候变化趋势的理论基础。随着长期生态和环境变化信息的积累和联网观测数据的集成，以及遥感、数据−模型融合等技术的进步，近年来，在评价土地利用变化对陆地生态系统碳循环时空格局影响方面取得了显著发展，但是在准确评估土壤生物对气候变化与土地利用变化的响应和适应方面进展甚微，尤其是以往的研究工作主要注重气候变化或人为扰动的单因素或双因素对生态系统的影响，很少评估多因子的协同作用。这些同时变化的驱动因子通过复杂的交互作用影响生态系统的生物地球化学循环（图7-4）。对已有全球变化实验结果的分析和模型研究表明，全球变化因子间的交互作用普遍存在于生态系统碳循环的各个过程，且大多变现为相互促进作用。也有研究表明不同因子对生态系统过程的影响会相互抵消。例如，大气$CO_2$浓度升高通过降低气孔导度增加水分利用效率，并在温度增加的情况

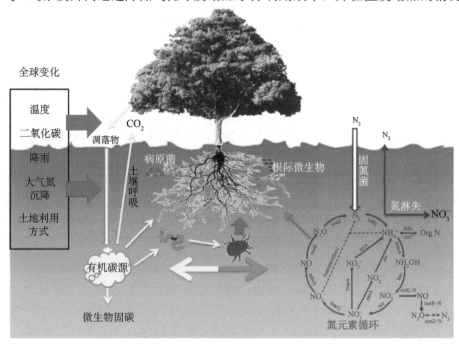

图 7-4　全球变化与土壤生物过程的复杂交互作用

注：全球气候变化往往与其他环境变化发生多因子耦合作用，这些同时变化的驱动因子通过复杂的交互作用影响土壤生态系统的生物地球化学循环

下进一步增强对植物光合作用的刺激作用，从而提高土壤水分可利用性，缓解温度升高带来的土壤干旱与水分胁迫。$CO_2$浓度长期增加还将导致土壤氮有效性的降低，产生"渐进性氮限制"，但$CO_2$浓度和温度同时升高，可能会刺激土壤中氮素矿化，提高土壤氮素可利用性。温度升高缓解了生态系统在$CO_2$浓度增加情况下的氮素限制。因此，全球变化各驱动因子对生态系统过程的作用并非简单的线性组合。尽管在全球变化各驱动因子对生态系统过程的影响方面已开展了大量研究，取得了诸多成果，但由于在真实环境中环境因子很少单独起作用，而更多地表现为多个因子的协同影响。为了模拟和预测土壤生态系统在未来气候情景下的演变，就需要在不同时空尺度对包括土地利用方式在内的人类活动、$CO_2$浓度、氮沉降、气温、降雨等多因子的协同影响进行集成研究。

3）全球变化敏感区域的土壤生物学研究

为了有效地预测和评估全球气候变化的发生及其影响，科学家已建立了在全球尺度和不同区域尺度下的模型。但针对区域尺度的预测模型存在很高的不确定性，这主要归因于巨大的区域空间异质性及对全球气候变化敏感性的差异。某些区域由于其生境的特殊性而对全球变化特别敏感，往往成为有效预测全球气候变化的"先行指示区域"或"热点区域"，被称为全球变化的敏感区域。它们主要分布于气候边界地带、生态脆弱地带、海陆交界地带、赤道地带及三极地带等。高寒生态系统、干旱半干旱生态系统及滨海生态系统是敏感区域的典型代表，目前国内外学术界高度关注在这些区域的土壤生物学研究。

高寒生态系统分布在高纬度或高海拔、气候寒冷、冻土分布广泛的地区，如北极、北部森林、青藏高原、高山苔原等地区。由于漫长时期的生物固碳及缓慢的生物降解，高寒土壤中储存了大量的有机碳，在全球碳平衡中起到了举足轻重的作用。高寒生态系统对气候变化异常敏感，其气候变暖速度高于地球平均水平，如北极变暖速度是地球上其他地区的2倍。气候变暖也导致降水格局改变、大气氮沉降增加，一些敏感的地球环境组分如冰川、冻土发生明显变化，并由此加速高寒生态系统的退化（Xiang et al.，2014）。有研究表明，随着冻土融化，微生物群落结构、系统发育、功能基因和代谢途径都发生了改变，放线菌、产甲烷菌在永久冻土融化过程中相对丰度明显增加（图7-5，图7-6）。随着气候不断变暖，高寒冻土活动层加深，土壤性质发生剧烈改变，形成巨大的水分和土壤$CO_2$循环变化效应。气候变暖也使陆地植物群落结构、生物量和生物多样性等发生显著变化。例如，在北极地区，灌木森林覆盖面积逐渐增加，林线正在不断向北推进。因此，高寒生态系统对气候变化的响应与反馈不仅影响当地生态系统，也将对全球生态系统和人类生活产生巨大影响。

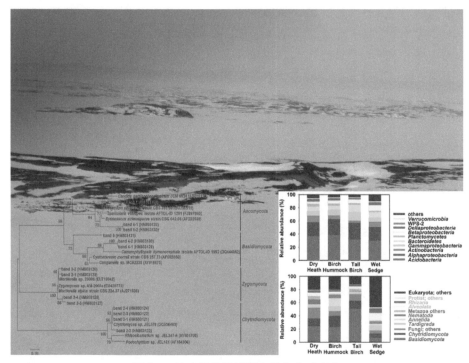

图 7-5　地球极地区域微生物与全球变化

注：地球极地和高寒区域储存了大量易分解有机物质，研究全球变化背景下极地和高寒土壤
的微生物群落结构和功能变化是理解和预测该区域有机碳库稳定性的基础

与高寒生态系统不同，干旱半干旱生态系统分布于不同气候带，因而类型极度多样化。例如，寒区荒漠，寒区亚高山、高山带与积雪区，极地和苔原带，科罗拉多高原和大盆地沙漠，非洲热荒漠，澳洲热荒漠，半干旱亚热带草地、地中海东部和中欧干热草原等。据统计，该生态系统约占全球陆地面积的41%，土壤有机碳储量约占全球总储量的25%，此外全球人口的38%居住于此。近些年来，随着气候变化、火烧干扰及土地利用方式的改变，干旱地区还有着继续扩大的趋势，土壤盐碱化不断加剧。我国北方内陆干旱地区由于逐步加剧的东亚沙尘暴导致土地退化问题日益严重。因而，该生态系统的发展演变与功能稳定对整个地球及其生命体都有着至关重要的作用。由于受到干旱半干旱水文特征的共性制约，土壤生物群落组成存在一定的共性特征，如植物群落通常呈现斑块化的分布格局，这种独特的地表景观也显

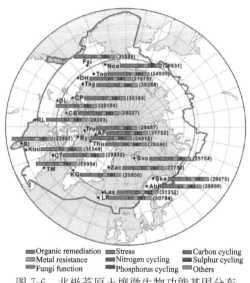

图 7-6 北极苔原土壤微生物功能基因分布

著影响了土壤微生物群落的组成与分布（Ben-David et al.，2011；Yeager et al.，2012）。

滨海生态系统分布于河口、潮滩及滨海湿地，具有典型的原生性、脆弱性、稀有性，还具有独特的陆海两种属性，是与人类活动相互作用最频繁、最活跃的生态过渡带。在河口及近海陆架区，不同界面交互作用，导致其生态与环境多样、空间格局明显。有研究表明，海岸湿地（高盐度）的土壤呼吸和脱氢酶活性均低于河滨湿地（低盐度），由于这两种湿地微生物群落结构的差异，河滨湿地相比于海岸湿地具有更丰富的异养代谢活性强的 β-变形菌门，其与盐度呈显著负相关关系。我国滨海区域是社会经济发展的主战场，也是生态、环境、资源和发展的敏感区，气候变化和人类活动的双重胁迫使我国滨海区域的生态脆弱性更加凸显，直接关系到社会经济发展的立足之本。因此，研究滨海区域土壤生物多样性、分布特征及其受全球增暖的影响；基于对微生物种类多样性的研究，探究高浑浊度及不同盐分梯度下土壤生物对碳氮等生源要素转化的各种途径及转化机理；揭示全球变化影响下的河口及滨海湿地土壤生物地球化学循环过程，以及全球变化对该过程的影响机理和环境效应具有重要的科学价值和社会意义。

# 第三节　关键科学问题

针对全球变化的土壤生物学研究主要面临以下科学问题的挑战：

1）土壤关键功能生物类群对全球变化的调节、响应与适应；

2）全球变化背景下"地上-地下"生物互作机制及其协同演化；

3）全球变化多因子耦合对土壤生物群落的影响及其时空尺度推绎；

4）全球变化敏感区域的土壤生物多样性及生态功能。

# 第四节　优先发展方向和建议

为了解决上述重要科学问题，为我国农业和自然生态系统的可持续发展提供理论基础。我国在未来 10 年或更长时间，需要重点考虑以下土壤生物学问题，作为优先发展的研究方向：

## 一、土壤生物群落响应及适应全球变化的中长期定位观测研究

建立野外长期定位观测对于研究土壤生物群落对全球变化的响应及适应机制至关重要。以往研究通常关注短时间尺度上全球变化对陆地生态系统的影响，以及生态系统各组分所做出的响应，而对于长时间尺度上陆地生态系统的结构与功能对全球变化的适应性及其反馈作用研究较少。因此，需要进行长时间尺度上的研究，长期观测大气氮沉降、$CO_2$ 浓度变化、大气温度变化等对土壤生物群落的影响，建立土壤生物数据库和信息系统，通过分析土壤生物群落特征的变异情况，破解长时间尺度上土壤生物对全球变化的响应与适应机理。此外，野外模拟控制试验需要考虑真实的全球变化情景，对多个环境因子的综合影响和协同作用加以深入系统研究，以准确揭示土壤生物群落对全球变化的响应与适应机制。

## 二、温室气体产生和转化的生物学机理及其对全球变化的响应

过去大量研究工作聚焦于土壤温室气体产生和转化的微生物群落结构，主要关注于相关微生物的种类和生态生理特性，研究工作停留在种群或细胞水平。实际上，土壤中温室气体的产生和转化过程主要通过一系列特殊的生化机制和代谢途径，这些途径可被看作是驱动土壤温室气体产生和转化的分子引擎。新一代分子生物技术的发展扫除了破译这些分子引擎的技术障碍，理解这些分子系统的作用机理及其对全球变化的响应和适应将是 21 世纪土壤

生物学面临的一个巨大挑战。未来的研究需要融合不同学科的方法和理论，综合应用稳定同位素探测技术、高通量测序技术、转录组学和蛋白组学等新兴技术手段，在分子水平上破解土壤温室气体的产生和转化机制，探索发现新的微生物过程机理，并发展其调控技术和方法，为调控土壤中温室气体的产生和排放提供理论基础和技术支撑。

## 三、全球变化背景下"地上-地下"生物互作机理及其演替

过去大量研究表明，对全球变化影响的理解必须考虑地上和地下生物的相互作用。全球变化对地下生态系统的影响在很大程度上取决于地上植被的变化，而地下生态系统的变化又将对地上系统作出反馈，影响地上植被的生长和分布格局。地上-地下相互作用在调控生态系统属性和功能方面发挥着极其重要的作用。但目前大部分全球变化影响研究并没有整合地上-地下的相互作用及反馈，这明显限制了对全球变化生态效应的预测能力。因此，理解全球气候变化对陆地生态系统的影响，以及陆地生态系统的反馈需要充分考虑土壤生物与地上生物的相互作用。

## 四、全球变化背景下土壤动物入侵的生态学效应

全球变化是驱动生态系统物种增加或丧失的重要因子，这会对生态系统的属性和功能产生深远影响。越来越多的证据表明，全球变化背景下物种的分布范围在类群和地理区域上发生了迁移，气候变暖在驱动物种迁移和分布范围方面发挥着重要的作用。在全球变化背景下，物种分布范围的扩展会显著影响生态系统的地上和地下部分及其对气候变化的反馈。土壤生物在调控物种分布范围方面将发挥重要作用。未来面临的挑战是理解气候变化如何通过影响土壤生物物种分布范围，进而直接或间接地影响入侵地的地上和地下生物群落。

## 五、土壤生物对全球变化多因子耦合作用的响应

土壤生物对全球变化驱动因子非线性响应的认识十分有限。模型研究结果表明，生态系统对全球变化各项驱动因子的响应是由大量非线性过程组成的。生态系统过程的非线性响应具有高度的复杂性，即不同生态系统过程对同一环境因子，以及同一生态系统过程对不同环境因子的非线性响应格局往往不同。一些生态学模型模拟了生态系统对气候变化因子的非线性响应，也

有用跨区域的样带研究证明非线性响应的存在。这些模型模拟和大尺度观察到的现象亟需直接的试验证据来验证。但目前检验生态系统对气候变化非线性响应的控制试验屈指可数。已开展的研究往往只涉及少数几个环境因子和处理水平，持续时间也较短。由于一个或几个处理水平可能处于非线性响应的不同阶段，研究结果可能无法代表生态系统对环境因子的真实响应。只有通过多梯度的长期试验，才有可能全面认识生态系统非线性反应的完整格局和机制。

此外，过去的研究主要集中于单一生态系统过程，对不同生态过程响应全球变化的相互调控研究非常缺乏。生态系统过程（碳、氮、水的生物地球化学循环）之间以及生态系统过程与结构（植物、动物、微生物的群落结构和多样性）之间的联系十分复杂。植物群落作为生物地球化学循环的中间载体，其变化可以同时影响着生物地球化学循环的各个组成部分。这种复杂的联系及生态系统内的复杂食物网结构给全球变化情形下生物地球化学循环的研究带来了极大的挑战。

## 六、全球变化敏感区域土壤微生物群落和功能的演变与适应

作为全球变化的敏感区，高寒生态系统、干旱半干旱地区及滨海区域对气候变化的响应与反馈不仅影响当地生态系统，也将对全球生态系统及人类生活产生巨大影响。未来土壤生物学拟重点研究：高寒土壤微生物的组成与分布；高寒土壤微生物对气候变化的响应；高寒冻土退化过程中生物群落的演替；气候变化背景下高寒土壤微生物群落的预测；干旱半干旱地区土壤生物群落的自身特点及其对全球气候变化的响应，揭示土壤生物与植物的相互作用，阐明土壤生物结皮对气候变化的响应及演替规律；滨海区域土壤生物多样性、分布特征及其受全球增暖的影响；基于对微生物种类多样性的研究，探究高浑浊度及不同盐分梯度下土壤生物对碳氮等生源要素转化的各种途径及转化机理；揭示全球变化影响下的河口及滨海湿地土壤生物地球化学循环过程，以及全球变化对该过程的影响机理和环境效应。

## 七、土壤生物地球化学过程与全球变化模式的融合

目前，全球系统模式及支模式的研究正在迅速发展。基于生态系统基本原理发展的陆地生态系统动态模型（DLEM），充分考虑了生态过程的多影响因子驱动、多元素耦合及多重时空尺度上变化的复杂关系。但目前大部分全球系统模式和支模式没有考虑微生物的群落结构和功能过程。土壤生物信息的同化可从生态系统模式入手，目前生态系统模型亟需将碳循环与水循环、

氮循环、磷循环和硫循环紧密耦合，全面分析和研究陆地生态系统过程对全球变化的响应和反馈机制，需要同化更多的生物地球化学循环过程，同时考虑更多的包括自然和人为因素的影响因子。因此，研究如何将土壤生物信息同化进全球变化模型具有重要的实际意义。

# 参 考 文 献

傅伯杰，牛栋，赵士洞．2005. 全球变化与陆地生态系统研究：回顾与展望．地球科学进展，20：556-560.

Bedini S, Turrini A, Rigo C, et al. 2010. Molecular characterization and glomalin production of arbuscular mycorrhizal fungi colonizing a heavy metal polluted ash disposal island, downtown Venice. Soil Biol Biochem, 42：758-765.

Ben-David E A, Zaady E, Sher Y, et al. 2011. Assessment of the spatial distribution of soil microbial communities in patchy arid and semi-arid landscapes of the Negev Desert using combined PLFA and DGGE analyses. FEMS Microbiol Ecol, 76：492-503.

Brauer S L, Cadillo-Quiroz H, Yashiro E, et al. 2006. Isolation of a novel acidiphilic methanogen from an acidic peat bog. Nature, 442：192-194.

Erkel C, Kube M, Reinhardt R, et al. 2006. Genome of Rice Cluster I archaea—the key methane producers in the rice rhizosphere. Science, 313：370-372.

IPCC. 2013. Climate Change 2013：The Physical Science Basis. Contribution of working group I to the fifth assessment report of the Intergovernmental Panel on Climate Change// Stocker T F, Qin D, Plattner G K, et al. Cambridge University Press, Cambridge, United Kingdom and New York, USA, 1535.

Li H J, Chang J L, Liu P F, et al. 2015. Direct interspecies electron transfer accelerates syntrophic oxidation of butyrate in paddy soil enrichments. Environ Microbiol, 17 (5)：1533-1547.

Lu Y H, Conrad R. 2005. In situ stable isotope probing of methanogenic archaea in the rice rhizosphere. Science, 309：1088-1090.

Mahecha M D, Reichstein M, Carvalhais N, et al. 2010. Global convergence in the temperature sensitivity of respiration at ecosystem level. Science, 329：838-840.

Smith P, Fang C. 2010. Carbon cycle：A warm response by soils. Nature, 464：499-500.

Wardle D A, Bardgett R D, Klironomos J N, et al. 2004. Ecological linkages between aboveground and belowground Biota. Science, 304：1629-1633.

Xiang X, Shi Y, Yang J, et al. 2014. Rapid recovery of soil bacterial communities after wildfire in a Chinese boreal forest. Scientific Rep, 4：3829.

Yeager C M, Kuske C R, Carney T D, et al. 2012. Response of biological soil crust diazotrophs to season, altered summer precipitation, and year-round increased temperature in an arid grassland of the Colorado plateau, USA. Frontiers Microbiol, 3：358.

Yergeau E, Bokhorst S, Kang S H, et al. 2012. Shifts in soil microorganisms in response to warming are consistent across a range of Antarctic environments. ISME J, 6 (3): 692-702.

Yvon-Durocher G, Caffrey J M, Cescatti A, et al. 2012. Reconciling the temperature dependence of respiration across timescales and ecosystem types. Nature, 487: 472-476.

Zhang W X, Hendrix P F, Dame L E, et al. 2013. Earthworms facilitate carbon sequestration through unequal amplification of carbon stabilization compared with mineralization. Nat Commun, 4: 2576.

# 第八章
# 土壤生物与土壤污染

## 第一节　科学意义与战略价值

　　土壤污染是指人类活动所产生的污染物通过不同途径进入土壤，其数量和速度超过土壤的容纳能力和净化速度，使土壤质量与功能发生变化，进而危及人类及其他生物生存和发展的现象。

　　按照污染物属性，土壤污染可区分为无机污染、有机污染和生物污染等。土壤无机污染以重金属或类金属（如镉、砷、汞、铜、铅、铬）污染为主。重金属在土壤中不易随水淋溶，不能被微生物分解，对生物的毒性较强，可通过植物吸收进入食物链危及食物安全，因而土壤重金属污染问题已成为全球面临的主要环境问题之一。值得注意的是，近年来随着纳米技术和纳米材料的大规模应用，大量的人工纳米颗粒物，如纳米金属氧化物、含碳纳米颗粒物及量子点等进入到土壤中，其生态安全性和潜在健康风险也日益受到关注。土壤有机污染以六六六、滴滴涕、多氯联苯、多环芳烃等有机化合物污染为主。近年来一些新兴有机污染物，如全氟化合物、多溴联苯醚、短链氯化石蜡、五氯苯等也逐渐引起关注。由于土壤有机污染的复杂性和长期性，对其修复难度较大。土壤生物污染则是指病原体和有害生物种群从外界侵入土壤，破坏土壤生态系统平衡，引起土壤质量下降的现象。土壤中往往含有一些病原微生物（真菌、细菌等），这些微生物如果大量繁衍，将会破坏原有土壤生态平衡。同时，很多外源病原微生物（如大肠杆菌、沙门氏菌、脊髓灰质炎病毒等）随着生活污水、污泥或畜禽粪便等进入土壤，也造成土壤生物污染（Bradford et al.，2013）。近年来，因抗生素的滥用而导致抗生素抗性基因（antibiotic resistance genes，ARGs）的环境扩散和积累也被归为生物污染，并已成为全世界关注的一个环境问题（Martinez，2008）。

根据 2014 年 4 月中国环境保护部和国土资源部全国土壤污染状况调查公报，我国土壤环境状况总体不容乐观，部分地区土壤污染较重，耕地土壤环境质量堪忧，工矿业废弃地土壤环境问题突出。工矿业、农业等人为活动及土壤环境背景值高是造成土壤污染或超标的主要原因。全国土壤总的点位超标率为 16.1%，耕地土壤点位超标率达 19.4%，其中轻微、轻度、中度和重度污染点位比例分别为 11.2%、2.3%、1.5% 和 1.1%。污染类型以无机型为主，有机型次之，复合型污染比例较小，无机污染物超标点位数占全部超标点位的 82.8%。从污染分布情况看，南方土壤污染重于北方；长江三角洲、珠江三角洲、东北老工业基地等部分区域土壤污染问题较为突出，西南、中南地区土壤重金属超标范围较大。从土壤重金属总量来看，我国土壤污染现状并不比欧美发达国家严重，但由于土壤酸化等因素，我国部分农田生产的粮食与蔬菜重金属含量超标较为严重（Zhao et al.，2015）。对于生物污染而言，兽用抗生素和医用抗生素被认为是我国土壤环境中抗生素污染的主要来源。我国是世界畜禽养殖大国，每年动物饲料中添加抗生素超过数千吨，由于 80% 以上的畜禽粪便没有经过综合无害化处理，直接被施于农田，从而对生态与环境安全造成较大风险。此外，据 2003 年世界卫生组织调查显示，我国住院患者抗生素药物使用率高达 80%，其中使用广谱抗生素和联合使用两种以上抗生素的占 58%，远远高于国际水平。大部分医用抗生素通过医院污水、城市生活污水或医药工厂污水排放导致对地表水、地下水及农田土壤环境的污染。

各种污染物进入土壤环境后会对土壤生态系统造成深刻影响。一方面污染物往往具有致毒作用，会直接影响土壤生物活性，改变土壤生物系统结构，进而影响土壤的生态功能；另一方面，土壤生物通过一系列代谢途径消纳、转化或富集污染物，影响污染物的环境行为和归趋。系统深入研究土壤生物与土壤污染物之间的相互作用及其机制，对于全面客观地认识土壤污染的生态效应，以及土壤生物对土壤污染的适应策略具有重要意义，同时也是研发污染土壤生物修复技术的基础。

# 第二节　国内外发展趋势分析

土壤污染会影响土壤生物系统的结构和功能，而土壤生物则对土壤污染产生适应、反馈调控及消纳清除作用，对两者相互作用的研究有利于发展污染土壤生物修复技术。围绕土壤污染与土壤生物的相互作用（图 8-1）开展的研究工作主要包括三个方面：①土壤污染的生态毒理效应；②土壤生物对土壤污染的响应与适应机制；③污染土壤修复原理与技术。

图 8-1　土壤污染与土壤生物系统的相互作用

　　研究土壤污染的生态毒理效应主要是考察污染物对生物个体生理、生物种群、群落结构乃至生态系统结构和功能的影响。在生物个体层次，目前主要是以典型模式生物个体或细胞为对象，采用基因组学和蛋白组学等技术研究有毒污染物的毒性机制，在基因、细胞和个体水平揭示典型污染物和生物相互作用的位点及其作用方式；采用代谢组学等手段解析有毒污染物对生物代谢过程影响的机理和调控途径。很显然，生物个体的变化必然会引起种群数量与结构的改变，使种群衰落直至灭亡，从种群/群落乃至生态系统和全球水平探索污染物的生态毒理效应及其演化过程，已成为生态毒理学新的学科增长点。

　　无论是对生物体必需还是非必需的重金属元素，当达到一定浓度时都会损坏生物的细胞膜、改变生物酶活性、破坏生物体 DNA 的结构，从而影响细胞内部正常的生理活动（Bruins et al.，2000）。例如，$Hg^{2+}$、$Cd^{2+}$、$Ag^+$ 等金属离子能与巯基结合，抑制生物体的酶活性。大量研究已报道了土壤重金属污染对微生物生物量、土壤呼吸、底物利用、氮转化、酶活性及微生物多样性的影响。再如，Chander 等（2002）研究发现受重金属胁迫的土壤微生物需要消耗更多能量，导致对底物的利用效率降低，引起土壤微生物生物量的降低。Abaye 等（2005）研究也发现重金属的累积会显著降低土壤微生物的生物量，并导致单位微生物生物量的呼吸强度增加及微生物群落结构的改变。

　　对有机污染物而言，土壤微生物是有机污染物降解的主要驱动力，然而有机污染物也深刻影响着土壤微生物的生长、群落结构和降解功能。很多研究发现，有机污染物能显著抑制微生物的生长和生理活动，如敌草隆的降解产物对亚硝酸细菌和硝酸细菌有抑制作用，苯氧羧酸类除草剂可通过影响寄主植物而抑制共生固氮菌的生长和活动，2，4-D和甲基氯苯氧乙酸对土壤中蓝细菌的光合作用有毒性作用（周启星和王美娥，2006）。不过，也有研究发现，有机污染物胁迫下功能微生物类群的丰度会相应提高，并且在某些环境中，其丰度与有机污染物的浓度成正比（Sei et al.，2003）。当这些功能微生物再次受到有机污染物胁迫时，因经过前期的适应过程，其生长速率明显提高（Johnsen and Karlson，2007）。

在动物饲料中大量添加抗生素，可导致动物体内产生抗性微生物。这些动物体内的抗性微生物均可通过畜禽粪便进入土壤系统，并可能将抗性基因转移到土著微生物中。由于抗生素能直接杀死土壤中某些微生物或抑制相关微生物的生长，因而能直接影响土壤微生物生物量、改变微生物群落结构和活性。Haller等（2002）研究发现，磺胺类（磺胺嘧啶和磺胺甲恶唑）和四环素类（土霉素）抗生素能抑制土壤细菌和放线菌生长，使土壤微生物生物量明显下降，但能促进土壤真菌生物量增加。Hammesfahr等（2008）证实磺胺嘧啶污染粪便能够降低土壤细菌/真菌比例。Boleas等（2005）则发现土壤中四环素浓度达到1毫克/千克即可显著抑制土壤脱氢酶和磷酸酶的活性。

尽管有关土壤污染物的生态效应已有较多研究，但客观地讲，目前还非常缺乏真正意义上的生态毒理学研究：很少有研究考虑物种间的相互作用，更少有研究真正在生态系统层面进行，特别缺乏多尺度多层次的污染物环境暴露和生态毒理效应研究。此外，环境污染通常是多种污染物共存的复合污染（重金属、有机污染和生物污染等），但过去的研究多以单种或单类污染物作为对象，对其在单一环境介质（主要是土壤）中的吸附-解吸、迁移和降解（消纳）等过程进行研究，但对复合污染物的环境行为（包括其在土壤、水和沉积物等环境介质的迁移、转化和降解过程）及生态效应（对植物、动物及微生物群落乃至生态系统结构和功能的影响）鲜有报道。

土壤污染物对土壤生物具有毒害作用，但同时土壤生物对污染物也具有一定的抗性和解毒机制。对于重金属类污染物，土壤生物的解毒及耐性机制包括：①规避、泌出、吸附及细胞外的沉淀作用，如许多微生物通过胞外聚合物将重金属固持在胞外（Li and Yu，2014）；②对过量重金属的区隔化，如植物把重金属离子累积在液泡中（Wu et al.，2013），丛枝菌根真菌（arbuscular mycorrhizal fungi，AM真菌）将重金属区隔在根内真菌结构以降低重金属对植物的毒害（Nayuki et al.，2014）；③细胞内解毒作用，如白腐真菌（*Phanerochaete chrysosporium*）吸收过量镉可诱导谷胱甘肽的大量合成，并与镉离子相结合，从而减轻镉毒害（Xu et al.，2014），铜或镉胁迫能够上调丛枝菌根真菌（*Glomus intraradices*）中金属硫蛋白基因（*GintMT1*）的表达，增强对重金属的耐性（González-Guerrero et al.，2007）；④通过氧化、还原、甲基化和去甲基化作用对重金属进行转化，将重金属转化为无毒或低毒状态，如有些微生物能够将砷甲基化，从而减轻砷毒害（Zhu et al.，2014），有些厌氧微生物可将汞甲基化，再将甲基汞排出细胞外达到解毒作用（Parks et al.，2013）。

一些土壤微生物与植物在长期适应环境过程中形成了协同抵抗重金属机制。例如，在重金属污染环境中，AM真菌即可通过多种机制对宿主植物起到保护作用（图8-2）。概括起来，AM真菌主要通过间接和直接两条途径增强植物重金属耐性，间接途径主要通过促进植物对矿质养分（尤其是磷）的吸收，改善植物营养状况，促进植物生长，进而增强植物重金属耐性；直接途径主要指丛枝菌根对重金属环境行为的直接影响，如根外菌丝对重金属的直接固持作用等。此外，值得注意的是，一些微生物或植物甚至能够在重金

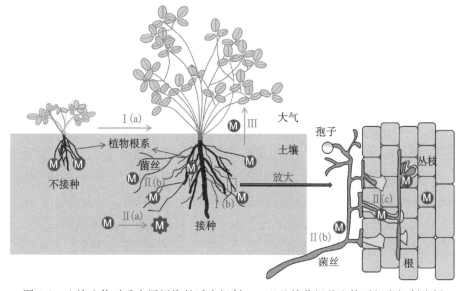

图8-2　土壤生物对重金属污染的适应机制——以丛枝菌根共生体系解毒机制为例

注：图中M代表重金属。Ⅰ表示间接作用（非专性机制），其中Ⅰ(a)表示AM促进植物生长增强植物重金属耐性，Ⅰ(b)表示AM影响根系生长进而影响植物对重金属的直接吸收；Ⅱ表示直接作用（专性机制），其中Ⅱ(a)表示菌根分泌物（如有机酸、球囊霉素等）结合重金属，或影响土壤理化性质而改变重金属化学形态及生物有效性，Ⅱ(b)表示AM根外菌丝对重金属的吸收和吸附固持作用，Ⅱ(c)表示重金属被滞留于根内共生结构（区隔化）；Ⅲ表示AM综合调节重金属向植物地上部的运输，改变重金属在植物体内的分配

属污染下获益，如一些化能自养型砷氧化微生物能够将三价砷氧化为五价砷，并且利用其产生的能量同化 $CO_2$，供自身生长（Oremland and Stolz，2005；Zhang et al.，2015）。虽然土壤生物消纳重金属的过程及机制已有较多研究，但过去还是以重金属迁移转化的化学过程为主，相关生理及分子机制方面的深入研究相对较少，而这方面的研究对于从本质上认识重金属的地球化学循环过程无疑具有重要意义。

对于有机污染物而言，土壤生物在其降解过程中更是起着无以替代的重要作用。土壤有机污染物降解的关键过程，如脱氯、开环、脱氮、氧化及还原等往往是在微生物作用下完成。微生物降解有机污染物主要分为两种方式：生长代谢和共代谢。生长代谢是指微生物将有机污染物作为碳源和能源物质加以分解和利用的代谢过程。以多环芳烃为例，微生物在单加氧酶或双加氧酶的催化作用下，将氧加到苯环上，形成 C—O 键，再通过加氢、脱水等作用使 C—C 键断裂，苯环数减少，并进而形成一些中间产物如邻苯二酚等，这些中间产物进而被微生物利用合成自身生长所需的物质。又如，恶臭假单胞菌能够水解甲基对硫磷，并以其中间产物作为唯一碳源进行生长（Rani and Lalithakumari，1994）。共代谢则是指微生物能够降解或改变有机污染物化学结构，但并不以此作为碳源和能源，而是从其他底物获取碳源和能源的代谢过程，如一些微生物（如不动杆菌等）能够在以苯为碳源的条件下降解三氯苯酚和四氯苯酚（Kim and Hao，1999）。通常一些高分子多环芳烃及其类似物的降解要依赖共代谢作用，一些持久性难降解有机污染物如多氯联苯等，也能够在特定菌种及合适条件下发生脱氯反应。总体来说，土壤生物对有机污染的响应和适应机理研究还比较少，尚待通过分子生物学手段研究微生物解毒基因，针对不同结构的有机物污染，研究其解毒途径及降解机制。

对于生物污染而言，研究其在土壤中的传播与演化机制才刚刚起步。土壤颗粒对病原微生物具有较强的吸附作用，同时存在对流-弥散、沥滤等过程，并受到病原微生物自身性质、土壤性质和环境条件等因素的影响。此外，病原菌还可以通过污灌、畜禽粪便施用、昆虫传播等多种方式进入到植物体内产生二次污染（Wachtel and Charkowski，2002）。一些抗生素抗性细菌进入土壤后，其携带的抗性基因甚至可通过水平转移传播到土著微生物中（Forsberg et al.，2012），从而对土壤生态系统造成破坏。揭示病原微生物致毒基因在不同土壤生物类群之间的转移机制及毒力基因残留效应，探究抗生素抗性菌及抗性基因和病原微生物的复合污染，以及两者的相互作用是土壤生物污染研究领域的重点内容。

　　研究土壤污染的生态毒理效应及土壤生物对土壤污染的响应与适应机制，最终是为污染土壤的治理和修复奠定科学基础。事实上，污染土壤修复原理和技术一直也是土壤生物学领域的重要研究内容。传统的污染土壤修复方法包括物理和化学修复，如通过客土、土壤淋洗、施加稳定剂等方式将污染物从土壤中清除或降低土壤中污染物的生物可利用性。近年来，也有一些新型的环境功能材料应用于污染土壤修复，如近年迅速发展起来的纳米零价铁（nanoscale zero-valent iron，nZVI）修复技术。nZVI因其比表面积大、强还原性，且具有量子效应、比表面效应、体积效应等特性，对重金属、无机盐及有机污染物都具有较好的去除效果，逐渐被广泛用于重金属（如六价铬）或有机化合物（多环芳烃等）污染土壤的修复（Chen et al.，2015；Di Palma et al.，2015）。物理化学修复技术往往能够迅速去除或固定高浓度污染物，适宜在短时间内修复污染程度较高的土壤，但这些方法往往伴随着高能耗、高费用、二次污染等风险，因而不适用于大规模污染土壤修复。相应地，利用特定植或微生物修复污染土壤的生物修复方法因其绿色环保、高效、成本低等优点而受到广泛关注。

　　在概念上生物修复是指利用生物的代谢活动及其代谢产物富集、降解或固定土壤中的污染物，从而恢复被污染土壤的生产或景观价值的一个受控或自发进行的生物学过程（图 8-3）。根据生物种类的不同，生物修复可分为植物修复和微生物修复，而植物修复又分为植物萃取、植物固定、植物挥发及根际过滤等不同修复过程。利用超积累植物吸收、富集土壤中的污染物，从而达到减少乃至清除土壤污染物的目的，即称为植物萃取，如利用砷超积累植物蜈蚣草进行砷污染土壤的修复（Xie et al.，2009）。利用特定耐污植物将污染物固定在根际或根系中以降低污染物可迁移性的修复方法即为植物固定，如利用一些矿区优势植物修复重金属污染土壤（Perez-Lopez et al.，2014）。微生物修复即利用一些功能微生物类群在适宜条件下的代谢活动降低污染物活性或降解土壤中污染物的修复方法，如利用六价铬还原细菌高效还原土壤中六价铬以降低铬毒性从而修复铬污染土壤（Smith and Gadd，2000）。在实际情况下，由于污染土壤往往存在着复合污染、物理结构不良、水土保持能力弱等限制性因素，导致单一修复措施无法实现，而利用特定微生物与植物组合往往能够获得更强的污染耐受能力和更高的修复效率。例如，通过菌根共生体系通常能够增强植物对污染土壤的耐受性并促进植物修复（Dong et al.，2008）。更进一步考虑，在实际修复工程中往往也需要根据实际情形，将生物修复与物理化学修复有机结合，以获得最佳修复效果。此外，对于需要持续生产的农业用地而言，可考虑生产与修复同步模式，如利用一些高生物量的能源植物进行修复，在达到污染土壤修复的同时产生一定的经济效益。

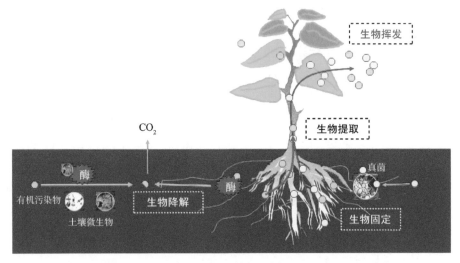

图 8-3    植物-微生物 I 联合修复重金属和有机污染土壤示意图

○代表重金属。植物根系、真菌菌丝等可以直接固持土壤中的重金属（生物固定）。超积累植物则能够将重金属从土壤中吸收积累至植物地上部分（生物提取），抑或将可挥发性金属元素通过气孔释放到大气中（生物挥发）；

○代表有机污染物。土壤生物通过直接吸收或共代谢作用对土壤中的有机污染物进行转化降解（生物降解），植物吸收的有机污染物也可直接或代谢降解后通过气孔挥发到大气中（生物挥发）

# 第三节    关键科学问题

基于对土壤生物和土壤污染相关研究前沿的分析，提出以下关键科学问题。

1）土壤污染如何影响土壤生物群落结构与功能

在以往研究基础上，强化土壤污染的生态毒理效应研究：①采用现代"组学"手段，针对土壤关键生物种类（敏感或关键物种）解析污染物的致毒机理；②探明污染物对土壤关键功能基因丰度的影响，建立基于功能基因的剂量-效应关系；③研究土壤污染对土壤生物群落结构和食物网的影响，探明污染物对土壤生态系统的影响机制，全面揭示土壤污染的生态毒理效应。

2）土壤消纳污染物的生物学机理

土壤污染的生态毒理效应在很大程度上取决于污染物的赋存形态。土壤生物可以通过代谢和转化功能改变污染物的形态，从而影响污染物的毒性和归趋。近期有关土壤消纳污染物的生物学机理应注重：①利用代谢组学手段揭示土壤中有机污染物生物降解的途径，挖掘相关功能基因；②研究土壤环境因子对有机污染物生物降解的影响，探明降解的调控机制；③探明无机污染物生物转化，特别是氧化、还原、甲基化过程的微生物学机制及其功能基因；④揭示微生物介导的生物地球化学过程与污染物转化的耦合机制及其调控途径。

3）生物污染在土壤中的传播与演化机制

土壤生物污染主要包括病原菌和抗生素抗性基因及两者的结合，即耐药病原菌或多重耐药菌（超级细菌）。作为一个新兴的研究领域，有关生物污染的研究可从以下几个方面进行深入：①研究典型污染土壤中病原菌和抗生素抗性基因丰度、多样性及其格局成因；②探明病原菌与土壤介质相互作用及其在土壤中存活的机制；③解析土壤中抗生素抗性基因横向转移的频度，揭示影响基因横向转移的关键因素；④从生态学和进化生物学的角度系统揭示土壤中耐药菌发生、演化和传播的机制。

# 第四节　优先发展方向和建议

基于国际土壤污染与土壤生物研究前沿动态和我国土壤污染的基本状况，建议重点考虑以下研究方向。

## 一、土壤污染背景下微生物群落结构和多样性的演变及生态效应

土壤污染生态效应主要涉及污染物对土壤生物多样性和功能的影响及其机理。需要从土壤生物种群、群落乃至土壤生态系统水平研究不同污染物及复合污染对土壤生物多样性和功能的影响及其机制，重点是将生物多样性（群落结构）与相关生态功能/过程结合起来进行研究，从生物多样性和生态系统稳定性（抵抗力和恢复力）的关系理解土壤污染对土壤生态系统的影响机制。例如，从土壤生物群落角度，研究一些污染物对土壤关键功能微生物（如固氮菌、氨氧化菌群或硝化、反硝化菌群、菌根真菌、抗病微生物等）群

落结构的影响，并结合土壤中元素转化和抗病/致病微生物的测定，来探究土壤污染驱动的功能微生物群落结构变化对土壤生态系统功能的影响。此外，除了研究土壤污染对不同空间尺度上（种群、群落、生态系统甚至景观水平）土壤生物群落结构及功能的影响以外，还应当关注时间因素，即污染物作用下，土壤生物结构及功能的长期动态演化，这对于探究土壤污染对土壤生态系统稳定性的影响至关重要。与以往单物种短期室内模拟试验不同，未来研究需要加强以群落甚或生态系统为研究对象的长期野外控制或监测试验研究。

随着分子生物学及生物信息学的迅速发展，利用高通量测序、核酸杂交技术、DNA 指纹图谱技术和基因芯片等分子生物学方法来分析土壤微生物多样性和群落结构，以及应用宏基因组学、宏蛋白组学及代谢组学等系统生物学的方法研究土壤微生物活性及功能的演变规律已成为土壤生物学领域的趋势（Volant et al. ，2014）。这些先进研究技术的引入，无疑会极大地推动污染土壤生态学研究。此外，需要指出的是，与传统个体层面的模拟试验不同，长期野外观测或控制试验往往数据量庞大，简单的数据分析难以充分挖掘到污染物暴露下的生物响应规律。将传统统计学领域的模型构建方法合理应用在污染土壤生态学中，有利于揭示土壤生物群体对污染物的响应特征，同时对于预测未来污染物的生物响应具有重要意义。

## 二、土壤污染物的生物转化和清除机制

土壤污染物在土壤生物代谢活动的作用下发生形态转化，研究土壤生物对土壤污染物的转化过程及其机制对于发展污染土壤生物修复技术具有重要意义。

土壤生物可通过氧化、还原和甲基化等过程直接改变重金属化学形态，或通过改变铁、硫等元素的氧化还原状态、分泌有机络合物、细胞壁吸附和固定等过程影响重金属的生物有效性。土壤生物同样可以通过特异性或非特异性酶脱毒系统，或通过一些特定的代谢途径降解有机污染物。通过野外调查及传统室内模拟试验，发现并分离特定功能微生物，进一步通过同位素示踪技术、原位荧光杂交技术、电子显微技术，以及近年来迅速发展起来的同步辐射技术［如 X 射线荧光微分析技术（XRF）和 X 射线吸收精细结构分析技术（XAFS）］、次生离子质谱技术，可深层次揭示污染物迁移转化的界面化学过程（Zhao et al. ，2014）。同时，生物体内的生理代谢及分子调控过程是驱动污染物化学转化的内在动力，未来的研究也需要将分子生物学技术［如实时荧光定量 PCR（real-time PCR）、基因克隆及功能验证、蛋白质结构

鉴定等技术〕与先进的物理化学技术（如高精度质谱、电镜分析及同步辐射等技术）相结合，从分子层次上深入探索土壤生物介导的污染物转化机制，为土壤污染的生物修复奠定基础。此外，一些污染物的生物代谢及消纳过程往往与生物自身代谢过程相耦合，如微生物驱动的有机污染物降解可以耦合铁还原、硝酸盐还原、硫酸盐还原及甲烷产生过程，这些耦合作用在元素生物地球化学循环过程中扮演着重要角色。具体研究过程中，需要综合考虑生物自身的代谢过程及污染物的转化特点，全面理解污染物在生物体内的代谢过程及调控机制（图 8-4）。

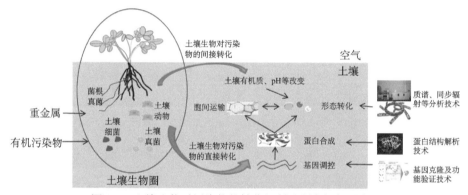

图 8-4  土壤生物对污染物的转化机制及研究框架示意图

注：土壤生物通过直接途径和间接途径转化污染物，前者主要指土壤生物自身对污染物的直接转化作用，后者主要指土壤微生物通过影响土壤理化性质如有机质、pH 等，进而影响污染物形态转化。污染物在土壤生物中的迁移转化受到基因、蛋白及组织水平上的调控，揭示相关机理需要将先进的分子生物学及物理化学分析技术有机结合起来

## 三、病原菌和抗性基因（及耐药菌）在土壤中的分布规律与传播机制

病原菌和抗生素抗性菌及抗性基因一方面会通过土壤—空气、土壤—植物或土壤—地下水途径直接进入人体，危害人体健康；另一方面则造成农作物病害，从而抑制农作物的生长发育，造成农业减产或农产品质量降低。系统深入研究病原菌和抗生素抗性菌及抗性基因在土壤中的分布传播过程及机制是进行生物污染治理的前提。一方面，需要应用高通量测序、PCR-DGGE 等分子生物学技术发现新的抗生素及抗性基因，调查分析不同土壤类型中病原菌和抗生素抗性基因的丰度和多样性，了解土壤生物污染的现状，分析污染来源（Zhu et al.，2013）；另一方面则需要结合实验室模拟及长期实地监测手段，研究病原菌和抗生素抗性菌及抗性基因在土壤中的迁移传播过程及

机制（图8-5）。

关于病原菌和抗生素抗性菌及抗性基因传播机制的研究，应着重关注以下几点：①应用绿色荧光蛋白等标记技术探讨土壤环境中病原微生物的迁移分布、植物内生化程度等；②揭示土壤中有机-无机矿物复合体、矿物等对病原微生物的吸附及对其环境行为的影响；③利用高通量测序及统计分析方法探讨土著微生物群落与入侵病原微生物之间的相互作用，揭示不同土著微生物种群在外源病原微生物入侵中扮演的角色；④采用功能宏基因组挖掘环境中的新型抗性基因、采用高通量 qPCR 技术全面评估环境介质中抗性基因的丰度，解析关键抗性蛋白的晶体结构，深入探讨新型抗性基因的抗性机制。

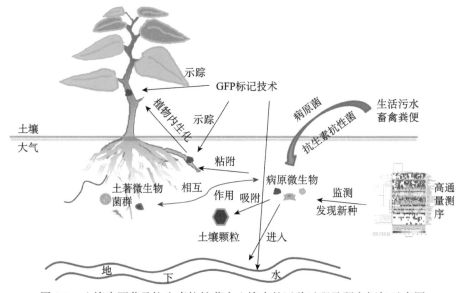

图 8-5　土壤病原菌及抗生素抗性菌在土壤中的迁移过程及研究框架示意图

注：经由生活污水及畜禽粪便排放进入土壤的病原微生物一方面被土壤颗粒吸附，另一方面通过粘附及内生化途径进入植物体内，剩余部分会迁移至地下水体中。此外，病原微生物能够与土著微生物相互作用，影响土壤生物群落及其功能。一些先进的生物技术在病原微生物研究中有着重要作用，如通过高通量测序技术能够发现土壤中新的病原微生物，通过绿色荧光蛋白（GFP）标记技术能够示踪致病微生物的迁移传播过程

## 四、土壤污染的生物监测原理与技术

传统的化学分析监测往往不能确切指示污染物的生物毒性大小和暴露途径（缺乏生态相关性），不能区分出不同土壤性质对污染物毒性的影响（缺乏

原位相关性），以及不能区别急性毒性和慢性毒性（缺乏时间相关性），因而备受诟病。以活的生物体或群体来测试化学物质毒性效应的生物监测能够克服化学监测法的缺点，反映环境污染对生物产生的综合效应，因而越来越受到重视。目前，根据测试对象的类型，土壤生物监测主要分为三大类：一是基于个体或组织层次的生物监测，这也是最为传统的监测方法，如通过测试动植物的存活率（或生长情况）或 DNA 损伤状况来判定污染物的毒性大小；二是基于功能基因或基因组学层次的生物监测，如微生物中的氨氧化基因等，也常被称为生物（分子）标志物，可作为土壤污染的预警指标；三是基于群落水平的抵抗力和恢复力测试，即通过对土壤生态系统过程（包括生物过程和物理化学过程）相关指标的监测，同时建立抵抗力和恢复力计算模型，计算抵抗力和恢复力指标，用以指示短期或长期污染暴露下群落抵抗力和恢复力变化。污染物进入土壤后形态会发生一系列变化，如何确定具体是哪种形态致毒是今后的研究热点和难点。此外，测试终点的选择需要综合考虑生态相关性、暴露途径、敏感性、管理目标及终点的可测性等因素，根据具体情况选择适宜的指标。

目前，土壤污染生物诊断研究总体上以室内试验为主，而且尚仍处于初级阶段，真正意义上的生态毒理学研究还很缺乏，将来应拓展到田间试验，从更大的时间和空间尺度上进行研究。另外，考察的生态功能应从微生物群落的层次深入到食物网的层次上，从而进一步提高该指标的科学性和实用性。

## 五、污染土壤生物修复原理与技术

生物修复是一种环境友好型的污染治理技术，在污染土壤修复实践中具有广阔的应用前景，但当前仍有一些基础理论问题和应用技术瓶颈需要突破。对于不同的污染情形，往往需要构建不同的生物修复体系。例如，针对某一特定污染种类，选用专性耐受或降解污染物的植物及微生物，或利用转基因技术修饰改造植物或微生物，使之适应污染土壤并发挥修复功效。目前，仍需要加强分离筛选特殊耐性和功能微生物材料，建立菌种资源库，同时对分离到的菌株进行关键性状的分子生物学表征，确认其重金属、有机污染物耐性和转化的分子机理和遗传稳定性。在此基础上发展基于功能基因的生物技术或合成生物学手段来改造微生物，形成新的生物修复技术。同时，在实际应用中需要考虑微生物在土壤中的定殖问题，一些新加入的特性微生物因环境等因素制约往往竞争不过土著微生物。此外，还需要明确微生物修复污染土壤的适用条件和范围，研究提高修复效率的关键参数及工程设计，在实际应用中往往需要结合其他修复技术以达到最终修复目标。

简言之，污染土壤修复应该始终作为土壤生物与土壤污染相关基础研究的应用目标与导向，为了实现这一应用目标，则需要进一步系统深入地研究土壤污染对土壤生物的生态毒理效应，揭示土壤生物对土壤污染的适应和反馈调控机制。在以往研究工作的基础上，借助于研究方法技术的发展，未来的研究必然进一步向微观和宏观两个方向拓展，至广大、至精微、多因素、多尺度的研究已经成为显而易见的学科发展趋势（图 8-6）。

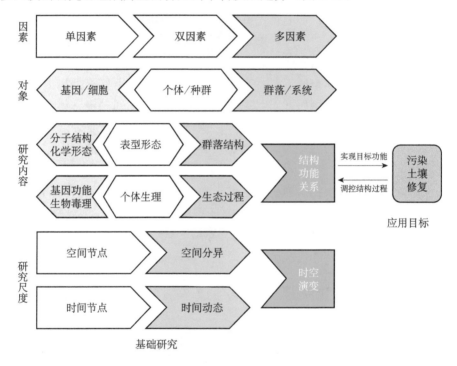

图 8-6　土壤生物与土壤污染研究框架示意图

注：未来的土壤生物与土壤污染研究，将向微观和宏观两个方向拓展，微观方向将不断深入至基因、分子乃至信号水平，宏观方向则向生态系统水平推进。传统单因素的研究将转变为双因素和多因素研究，结构或功能隔离研究将转向结构功能关系研究，离散的时间和空间节点观察，将转向空间分异和时间动态特征，乃至时空演变特征系统研究。总体上，至广大、至精微、多因素、多尺度的研究已经成为显而易见的学科发展趋势

# 参 考 文 献

周启星，王美娥，2006. 土壤生态毒理学研究进展与展望. 生态毒理学报，1（1）：1-11.

Abaye D A，Lawlor K，Hirsch P R，et al. 2005. Changes in the microbial community of an arable soil caused by long-term metal contamination. Eur J Soil Sci, 56: 93-102.

Boleas S, Alonso C, Pro J, et al. 2005. Toxicity of the antimicrobial oxytetracycline to soil organisms in a multispecies-soil system (MS • 3) and influence of manure co-addition. J Hazard Mater, 122(3): 233-241.

Bradford S A, Morales V L, Zhang W, et al. 2013. Transport and fate of micro bial pathogens in agricultural settings. Crit Rev Environ Sci Technol, 43: 775-893.

Bruins M R, Kapil S, Oehme F W. 2000. Microbial resistance to metals in the environment. Ecotoxicol Environ Saf, 45: 198-207.

Chander K, Klein T, Eberhardt U, et al. 2002. Decomposition of carbon-14-labelled wheat straw in repeatedly fumigated and non-fumigated soils with different levels of heavy metal contamination. Biol Fert Soils, 35: 86-91.

Chen C F, Binh N T, Chen C W, et al. 2015. Removal of polycyclic aromatic hydrocarbons from sediments using sodium persulfate activated by temperature and nanoscale zero-valent iron. J Air Waste Manage, 65: 375-383.

Di Palma L, Gueye M T, Petrucci E. 2015. Hexavalent chromium reduction in contaminated soil: a comparison between ferrous sulphate and nanoscale zero-valent iron. J Hazard Mater, 281: 70-76.

Dong Y, Zhu Y G, Smith F A, et al. 2008. Arbuscular mycorrhiza enhanced arsenic resistance of both white clover (*Trifolium repens* Linn.) and ryegrass (*Lolium perenne* L.) plants in an arsenic-contaminated soil. Environ Pollut, 155: 174-181.

Forsberg K J, Reyes A, Wang B, et al. 2012. The shared antibiotic resistome of soil bacteria and human pathogens. Science, 337: 1107-1111.

González-Guerrero M, Cano C, Azcón-Aguilar C, et al. 2007. *GintMT*1 encodes a functional metallothionein in *Glomus intraradices* that responds to oxidative stress. Mycorrhiza, 17 (4): 327-335.

Haller M Y, Müller S R, McArdell C S, et al. 2002. Quantification of veterinary antibiotics (sulfonamides and trimethoprim) in animal manure by liquid chromatography—mass spectrometry. J Chromatogr A, 952 (1): 111-120.

Hammesfahr U, Heuer H, Manzke B, et al. 2008. Impact of the antibiotic sulfadiazine and pig manure on the microbial community structure in agricultural soils. Soil Biol Biochem, 40 (7): 1583-1591.

Johnsen A, Karlson U. 2007. Diffuse PAH contamination of surface soils: environmental occurrence, bioavailability, and microbial degradation. Appl Microbiol Biotechnol, 76 (3): 533-543.

Kim M H, Hao O J. 1999. Cometabolic degradation of chlorophenols by *Acinetobacter* species. Water Res, 33: 562-574.

Li W W, Yu H Q. 2014. Insight into the roles of microbial extracellular polymer substances in metal biosorption. Bioresour Technol, 160: 15-23.

Martinez J L. 2008. Antibiotics and antibiotic resistance genes in natural environments. Science, 321: 365-367.

Nayuki K, Chen B D, Ohtomo R, et al. 2014. Cellular imaging of cadmium in resin sections of arbuscular mycorrhizas using synchrotron micro X-ray fluorescence. Microbes Environ, 29 (1): 60-66.

Oremland R S, Stolz J F. 2005. Arsenic, microbes and contaminated aquifers. Trends Microbiol, 13: 45-49.

Parks J M, Johs A, Podar M, et al. 2013. The genetic basis for bacterial mercury methylation. Science, 339 (6125): 1332-1335.

Perez-Lopez R, Marquez-Garcia B, Abreu M M, et al. 2014. *Erica andevalensis* and *Erica australis* growing in the same extreme environments: phytostabilization potential of mining areas. Geoderma, 230: 194-203.

Rani N L, Lalithakumari D. 1994. Degradation of methyl parathion by *Pseudomonas putida*. Can J Microbiol, 40: 1000-1006.

Sei K, Sugimoto Y, Mori K, et al. 2003. Monitoring of alkane-degrading bacteria in a seawater microcosm during crude oil degradation by polymerase chain reaction based on alkane-catabolic genes. Environ Microbiol, 5 (6): 517-522.

Smith W L, Gadd G M. 2000. Reduction and precipitation of chromate by mixed culture sulphate-reducing bacterial biofilms. J Appl Microbiol, 88: 983-991.

Volant A, Bruneel O, Desoeuvre A, et al. 2014. Diversity and spatiotemporal dynamics of bacterial communities: physicochemical and other drivers along an acid mine drainage. FEMS Microbiol Ecol, 90 (1): 247-263.

Wachtel M R, Charkowski A O. 2002. Cross-contamination of lettuce with *Escherichia coli* O157: H7. J Food Prot, 65: 465-470.

Wu Z, McGrouther K, Chen D, et al. 2013. Subcellular distribution of metals within *Brassica chinensis* L. in response to elevated lead and Chromium Stress. J Agric Food Chem, 61: 4715-4722.

Xie Q E, Yan X L, Liao X Y, et al. 2009. The arsenic hyperaccumulator fern *Pteris vittata* L. Environ Sci Technol, 43 (22): 8488-8495.

Xu P, Liu L, Zeng G, et al. 2014. Heavy metal-induced glutathione accumulation and its role in heavy metal detoxification in *Phanerochaete chrysosporium*. Appl Microbiol Biotechnol, 98 (14): 6409-6418.

Zhang J, Zhou W X, Liu B B, et al. 2015. Anaerobic arsenite oxidation by an autotrophic arsenite-oxidizing bacterium from an arsenic-contaminated paddy soil. Environ Sci Technol, 49 (10): 5956-5964.

Zhao F J, Moore K L, Lombi E, et al. 2014. Imaging element distribution and speciation in plant cells. Trends Plant Sci, 19 (3): 183-192.

Zhao F J, Ma Y, Zhu Y G, et al. 2015. Soil contamination in China: current status and mitigation strategies. Environ Sci Technol, 49: 750-759.

Zhu Y G, Johnson T A, Su J Q, et al. 2013. Diverse and abundant antibiotic resistance genes in Chinese swine farms. Proc Natl Acad Sci USA, 110 (9): 3435-3440.

Zhu Y G, Yoshinaga M, Zhao F J, et al. 2014. Earth abides arsenic biotransformations. Annu Rev Earth Planet Sci, 42 (1): 443-467.

# 第九章

# 土壤生物-物理-化学界面过程

## 第一节 科学意义与战略价值

地球关键带是地球表面具有渗透性、自地下水层最低端到植被树冠最顶端的近地表层，它是支撑生命系统的岩石、土壤、水、空气和生物之间交互作用的基础，集化学、生物、物理及地质过程于一体（Xu and Huang，2009；Xu and Sparks，2013）。其中，作为地球"皮肤"的土壤是最关键的要素，因为它是整个地球关键带中陆地生态系统的中心枢纽。土壤生物作为元素生物地球化学过程的引擎，驱动着地球关键带与其他各圈层之间的物质交换和循环，在我国农业可持续发展、全球变化应对策略和生态环境保护中具有举足轻重的作用。土壤生物学的迅猛发展开启了地球关键带中关键土壤界面过程研究的新篇章。在国际土壤生物学蓬勃发展之际，系统梳理新时期土壤生物-物理-化学界面过程研究的发展战略思路，可为解决当前我国土壤科学研究中面临的土壤肥力提升与粮食安全、土壤碳平衡与全球变化、土壤污染修复与生态环境安全等科学问题和挑战提供重要的理论支撑。

土壤是一个由矿物、有机质、生物、水和空气组成的复杂多相体系，其中矿物、有机质和生物则是构成土壤固相最关键的要素。早在 20 世纪 90 年代，国际土壤科学联合会（International Union of Soil Sciences）就成立了"土壤矿物-有机质-微生物相互作用工作组"（Working Group MO "Interactions of Soil Minerals with Organic Components and Microorganisms"），每两年召开一次国际学术会议交流研究成果。土壤生物，特别是微生物，又是土壤中最活跃的组分，主要由土壤细菌、放线菌、真菌、藻类和各种微小的原生动物组成，其中以细菌的数量最为丰富，最高可达 $10^{10}$ 个/克土壤。土壤中的诸多重要界面过程都是在这些微生物的直接或间接作用下发生的。矿物和有机质是构成土壤的骨架。生活在土壤中的微生物，据估算，80%~90%是黏附在各种矿物或由矿物和有机质聚合而成的有机无机复合体表面，形成单个的微菌落或生物被膜。微生物代谢过程中或其残体分解后，会释放出各种生物分子，如蛋白质、核酸、胞外多糖等，这些生物分子也趋向于吸附在土壤固相颗粒表面。微生物体或生物分子吸附于土壤固相颗粒表面后，其活性发生改变，从而影响到一系列的土壤界面过程，如矿物形成与演化、土壤结构体稳定性、土壤养分有效性、土壤污染物质的毒性及污染土壤的生物修复等（Lower et al.，2001；Kim et al.，2004；Cai et al.，2007）。因此，近 20 多年来，研究土壤微生物-有机质-矿物的相互作用及其对地球关键带中最关键的生物地球化学界面反应与过程的调控作用与机制，一直是国际地学领域的重大交叉前沿科学问题（Borch et al.，2010；宋长青等，2013）。特别是近 10 多年以来，随着现代微观分析技术的发展，尤其重视从原子、分子到土壤剖面、景观不同尺度进行追踪（Churchman，2010），并在研究中强调与调控土壤肥力和环境功能相关的土-水和根-土两大关键环境界面过程的结合。鉴于该领域研究的重要性，国际土壤科学联合会在 2004 年将"土壤矿物-有机质-微生物相互作用工作组"升级为"土壤化学、物理和生物界面反应专业委员会"（Soil Chemical，Physical and Biological Interfacial Reactions），以推动相关研究的发展，至 2015 年 8 月已成功举办了 7 届国际学术研讨会。在新的历史时期，为了全面深入理解土壤中生物调控下，由有机质和矿物相互作用决定的具有尺度效应的土壤特性及其在生源要素循环和污染物质转化的土壤生态服务功能，需要关注和解析不同尺度条件下微生物-有机质-矿物之间的相互作用（图 9-1）。

　　土壤微生物-有机质-矿物的相互作用包括生物（biotic）过程和非生物（abiotic）过程两个方面。生物相互作用包括微生物细胞在矿物颗粒表面或有机质与矿物聚合而成的有机无机复合体中的生长繁殖、生物被膜形成、群落分布、胞外酶和生物多聚物的释放等。非生物相互作用又可分为物理相互作用和物理化学相互作用。物理相互作用主要是指土壤基质的几何形状和聚合能力，如由土壤矿物和有机质共同决定的土壤孔隙大小分布、持水力、黏结性、机械组成等对微生物的影响。物理化学相互作用包括三者在土壤中发生的界面反应过程，如吸附-解吸、氧化-还原、络合-离解等。微生物黏附到矿物和有机质表面的机制包括吸附-解吸、氧化-还原等基本过程。微生物与矿物和有机质间的吸附-解吸过程包括范德华力、静电力、疏水作用、空间位阻效应及氢键等多种力的作用。而氧化-还原的胞外电子传递过程是微生物-有机质-矿物间的能量传输过

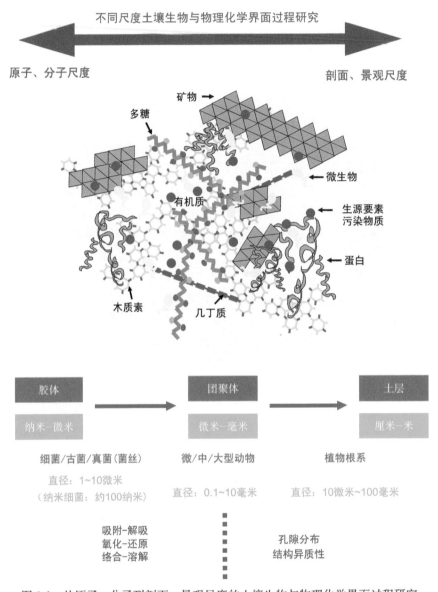

图 9-1　从原子、分子到剖面、景观尺度的土壤生物与物理化学界面过程研究

程。土壤矿物和有机质通过对微生物遗传物质和胞外聚合物的吸附固定，显著影响微生物的基因转移、群落结构及代谢活性。土壤矿物和有机质不仅仅是众多微生物的载体，而且在一定程度上也制约着土壤微生物的区系结构与功能。微生物与矿物和有机质的结合导致土壤中的生源要素、污染物质形态和有效性发生改变，进而显著影响和调控着土壤中的物质循环。

在原子和分子尺度上，土壤中带电粒子之间的相互作用是最基本的土壤界面过程，早期的研究主要关注胶粒、离子、质子和电子等非生物因素之间的相互作用。自 Lovley 等（1987）与 Myers 和 Nealson（1988）发现微生物胞外呼吸这一新型能量代谢方式后，拓展了以带电的土壤胶体与离子之间的相互作用为特征的土壤界面过程的内涵。腐殖质等有机质一方面参与物质的吸附-解吸、络合-离解等土壤非生物界面过程；另一方面腐殖质既能作为电子供体又能作为电子受体，通过担当电子穿梭体的角色，参与土壤生物界面的氧化-还原过程。因此，土壤微生物驱动和加速了吸附-解吸、氧化-还原、络合-离解等土壤界面过程。以微生物-有机质-矿物之间电子转移过程为核心的界面生物地球化学过程逐渐受到重视，成为地球关键带中物质间相互作用新的关注点。特别是在厌氧环境下，由于氧的匮乏导致微生物胞外呼吸过程中电子传递流向发生从 $O_2$ 到 $NO_3^-$、$Fe^{3+}$、$SO_4^{2-}$ 等电子受体的改变（Xu et al.，2015），呈现多元素、多要素、多界面、多过程耦合的特征（Borch et al.，2010；Lovley et al.，1996）；且微生物纤毛在胞外电子传递过程的纳米导线机制中扮演着重要角色。这些均启示我们需要联合化学与生物两个视角，并从纳米尺度上重新认知地球表层系统过程。

在土壤剖面和景观尺度上，微生物-有机质-矿物的相互作用主要通过调控土壤结构的异质性体现。土壤中的矿物和有机质在胶体、团聚体、土壤剖面和景观等多个数量级的空间尺度上分布和排列，构成含有土壤基质和土壤孔隙的土壤结构。土壤结构具有高度异质性，为高度多样性的土壤生物提供生存的居所、食物和水，为土壤中物理、化学和生物过程提供边界条件，与土壤生物作用共同影响着土壤自身的健康，控制着地球关键带的生态服务功能及其时空演变（Ritz and Young，2011）。传统土壤学通常以"均质土壤"作为研究对象，忽视了土壤结构异质性对土壤界面过程及其功能的影响。为了综合理解土壤资源的生态服务功能，近20年来从生态系统角度出发，应用物理方法和其他学科技术及知识，综合研究土壤结构和土壤生物的关系、土壤结构变化与土壤生物过程的相互作用、土壤生物物理过程的生态服务功能及其模拟和尺度效应成为关注的重点（Or et al.，2007；De Jonge et al.，2009；Blagodatsky and Smith，2012）。

因此，在土壤科学从传统土壤学向现代土壤学发展的新时期，土壤学与生物学的交叉渗透拓展了传统土壤分支科学的研究范畴，交叉融合形成了土壤生物电化学、土壤生物物理学等现代土壤学新分支。未来研究应立足于现代土壤学、生物学、环境科学、生态学、生物地球化学、地质学等多学科交叉与联合攻关，借助新兴技术手段，侧重于土壤中有机质和矿物这两大关键组分在土壤微生物参与下的交互作用，坚持宏观与微观相结合，注重量化和原位监测，立足于纳米级微观尺度分子水平上的物质相互作用，全面观察与研究土壤中由微生物驱动的物质循环过程与机理，围绕微生物-有机质-矿物相互作用的微生物-化学耦合机制，以及土壤生物过程与物理过程的相互作用机制，重点解答土壤微生物-有机质-矿物相互作用的物理化学与热力学、微生物-有机质-矿物间的电子传递机制与动力学、土壤结构异质性和生物多样性、土壤结构与土壤生物过程的相互作用及其生态服务功能调控等关键科学问题。

# 第二节　关键科学问题

1）微生物-有机质-矿物间电子传递的热力学与动力学机理，包括微生物胞外呼吸机制及外膜功能蛋白结构与电子传递功能的关系、腐殖质化学结构与电子传递功能的关系及腐殖质结构与土壤功能微生物群落的关系、氧化铁等矿物结构与胞外电子传递的关系，以及矿物类型与相关功能微生物群落的关系等（图 9-2）。

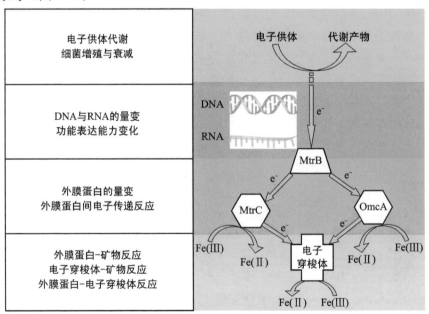

图 9-2　微生物胞外电子传递的分子机制模型

注：MtrC、MtrB 与 OmcA 均为细胞外膜金属还原蛋白

2) 微生物参与或介导下的土壤矿物和有机质相互作用过程与机理,包括纳米尺度上的土壤胶体结构及表面特性、微生物(含生物活性分子)-有机质-矿物交互作用影响下的土壤界面吸附过程与机制、生物被膜及其形成过程对土壤中物质界面反应的调控机制、土著或病原微生物对生物炭的界面响应过程及其对生源要素和污染物质界面反应的调控机理(图 9-3)。

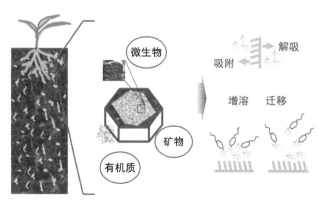

图 9-3　微生物活动下土壤胶体调控的土-水/根-土物理化学界面反应

3) 土壤结构中的生物和物理过程互作及其生态服务功能调控,包括土壤结构异质性和土壤生物多样性关系、土壤生物介导下的土壤结构变化过程及控制机制、土壤生物和物理过程互作的生态服务功能及其尺度效应的评价和模拟(图 9-4)。

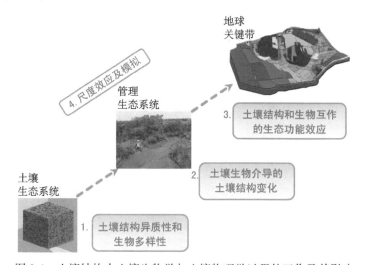

图 9-4　土壤结构中土壤生物学与土壤物理学过程的互作及其影响

# 第三节 优先发展方向和建议

## 一、微生物胞外电子传递机制

胞外呼吸是指厌氧条件下，微生物在胞内彻底氧化有机物释放电子，产生的电子经胞内呼吸链传递到胞外电子受体，并产生能量维持自身生长的过程。胞外呼吸与胞内呼吸最为显著的区别是：胞外呼吸菌氧化电子供体（有机碳）产生的电子可以"穿过"非导电性的细胞膜/壁传递至胞外受体，如腐殖质等有机质和氧化铁等矿物，从而导致矿物还原溶解或生物成矿等系列生物地球化学反应（Lovley et al.，2004）。胞外呼吸可能是早期地球上微生物的主要代谢方式。胞外电子传递机制，是微生物-有机质-矿物相互作用的核心科学问题。胞外电子传递机制包括电子穿梭体机制、纳米导线机制、外膜结合氧化还原蛋白介导机制（Wu et al.，2014）。优先发展方向主要如下：

1）胞外呼吸微生物类群的认知、资源发掘和分布规律。胞外呼吸菌不是一个分类学上的概念，而是具有胞外呼吸能力的微生物的统称。目前发现的胞外呼吸菌主要集中在变形菌门、拟杆菌门和厚壁菌门。受技术所限，认识和发掘的胞外呼吸菌种类仍然较少；缺乏对胞外呼吸菌共同的遗传学特征与进化特征的认知；目前还欠缺有效的分子生物学技术鉴定环境中的所有胞外呼吸类群，因此，也无法认知其在环境中的分布规律。目前已经报道的胞外呼吸模式菌株主要由国外科学家发现，主要来源于沉积物与海洋。稻田是具有中国特色的重要的生态系统，季节变化明显，干湿交替，人为输入大量的碳氮物质，铁呼吸与腐殖质呼吸活跃，是研究胞外呼吸的理想对象。我国应重视并加强稻田胞外呼吸微生物的研究。

2）土壤生物电化学过程。20世纪50年代，我国土壤科学家于天仁院士根据土壤化学的发展，提出土壤电化学这一土壤科学中的基础分支学科。土壤电化学是研究土壤中带电质点之间的相互作用及其化学表现的科学（于天仁，1999；于天仁等，1996）。我国已建立起较完整的土壤电化学学科体系，开创了中国土壤电化学研究的新篇章，形成了巨大的国际学术影响力。由于理论发展与技术手段的限制，传统土壤电化学的研究始终以带电的土壤胶体表面与离子之间的相互作用为核心，未涉及土壤中的另一关键要素土壤微生物的重要功能，缺乏对电子转移过程的深入研究。微生物胞外呼吸过程的发现，为开启土壤生物电化学过程研究的新篇章提供了有利条件。

3）微生物-有机质-矿物间电子传递与重要环境过程的耦合效应。微生物-有机质-矿物间的相互作用与土壤中有机碳矿化、温室气体排放、养分循环、污染物转化等关键生物地球化学过程密切相关，是土壤学关注的重点。如图 9-5 所示。

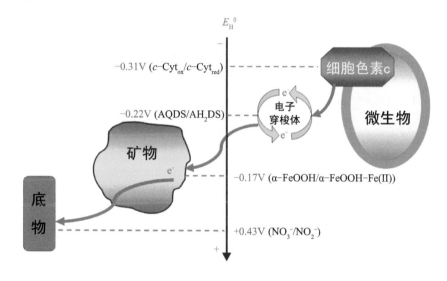

图 9-5　微生物胞外电子传递过程及其与重要环境过程的耦合

注：微生物主要包括具有胞外呼吸能力的异化铁还原菌，电子穿梭体包括类腐殖质蒽醌-2，6-二磺酸钠 AQDS、微生物分泌物核黄素 Flavin、腐殖质等；矿物主要包括铁、锰氧化物

微生物-有机质-矿物间电子传递过程研究的新的技术方法主要包括：① 生物电化学方法揭示胞外呼吸菌电子传递过程及机制；② 时间分辨光谱法研究微生物功能蛋白与底物间的瞬态反应动力学；③光谱电化学方法能够实时在线监测微生物活性蛋白的氧化还原状态；④分子生物学方法解析微生物胞外电子传递的功能蛋白；⑤扫描隧道显微镜、扫描电子显微镜、原子力显微镜和激光共聚焦显微镜等显微镜技术可以直接观察微生物及微生物被膜的变化；⑥同步辐射和 X 射线光电子能谱等技术研究功能蛋白与固体表面的作用机制。

## 二、土-水界面和根-土界面中微生物介导的物理化学反应过程与机理

地球关键带中发生的微观矿物颗粒-有机质在土壤微生物活动下的界面吸附、界面增溶与迁移等土-水/根-土界面反应过程，以及这些过程对土壤中生

源要素和污染物质生物有效性影响的研究是近 10 年来土壤生物与土壤物理化学交叉发展研究的核心。国际近现代分子生物学技术的创新、空间分辨力与灵敏度的提高，使微观尺度上表征土壤微生物-有机质-矿物相互作用的物理化学与热力学过程及其界面反应机制成为可能，对土壤生物学和土壤物理化学交叉研究的发展起到了重要的推动作用。优先发展方向主要如下：

1）纳米尺度分子水平上土壤胶体特性及其调控的界面反应过程与机制。由于传统土壤学对土壤颗粒大小的尺度分级单位最小到微米级，致使已有对土壤胶体特性及其表面和界面效应的认知也局限在微米尺度上。随着近 10 年来纳米技术的日新月异，从纳米尺度分子水平上开展土壤胶体特性及其调控的界面反应过程与机制认知的研究成为可能，也将是未来研究的重点。

2）矿物和有机质交互影响下微生物（含生物活性分子）主导的土壤界面过程与分子机制。微生物或微生物代谢活动产生的生物活性分子对土壤矿物/有机质主导的界面物理化学反应与过程存在深刻的影响，开展微生物（含生物活性分子）-有机质-矿物交互作用影响下的生源要素和污染物质在土壤中的界面反应过程与分子机制研究，通过微生物及其胞外聚合物、有机质和矿物表面性质的表征，量化微生物（含生物活性分子）、有机质、矿物各组分在土壤界面反应过程中的贡献显得十分重要。

3）生物源物质（含生物被膜、生物炭等）对土壤界面反应过程中的生源要素和污染物质形态转化（离子、分子或自由基）的调控作用与分子机制。生物源物质深刻影响着土壤肥力本质的发挥和土壤的环境质量。相关生物被膜形成过程，以及生物炭作为土壤改良剂的外源添加对土壤微生物-有机质-矿物互作界面上生源要素和污染物质的释放、转化和有效性的影响等机制的阐明是提升土壤肥力水平，进行污染土壤修复的重要基础。

4）微观尺度上土-水界面（纳米尺度）和根-土界面（毫米尺度）中界面反应过程与机制的原位动态监测技术和方法。许多常规物理化学分析技术和表征方法在用于微观尺度研究中面临很多困难，有待逐步摸索和解决。实验室模拟研究如何扩展到野外和田间，发展土-水界面（纳米尺度）和根-土界面（毫米尺度）上土壤微生物-有机质-矿物互作的界面反应过程与机制的原位观测和研究方法也是未来研究的重要课题。

针对微生物介导的土壤界面反应过程与机理的研究，除了运用常规的物理化学研究手段之外，还需要结合采用原子力显微技术、激光共聚焦扫描显微镜、X 射线光电子能谱、高精度微量热技术、基于同步辐射的 X 射线吸收光谱技术等现代分析技术在微生物-有机质-矿物相互作用研究中进行形貌观察、作用力测定、功能团与原子配位分析、热力学表征；此外，由于土壤胶体颗粒小到纳米尺度时量子效应、局域性、表面及界面效应将发生质变，尤其需要结合常规 X 射线衍射光谱技术、傅里叶转换红外光谱技术，以及扫描电镜和透射电镜等分析手段，从纳米尺度上开展微生物-有机质-矿物相互作用主导的界面反应机制研究。地球关键带中发生的微观矿物颗粒-有机质在土壤微生物活动下的土-水和根-土界面间的物理化学反应过程涉及微生物学、土壤化学、胶体化学、矿物学、物理学等多个领域，如能联合不同学科领域的科学家进行协作，可望使这方面的研究迈上新的台阶，取得更加丰硕的成果。

## 三、微生物驱动的矿物形成与转化

土壤矿物风化演变是一个漫长的过程，特别是组成土壤黏粒部分的次生矿物是在土壤发育过程中通过各种化学和/或生物作用由原生矿物转化或重新形成的矿物。生物的参与极大地加速了土壤矿物的形成与演化，如需要高温（250 ℃）、高压（50～100 兆帕）条件的蒙皂石-伊利石的转化反应，在微生物（*Shewanella oneidensis* MR－1）的作用下，可以在常温常压下，仅需两周时间就可以完成。然而，土壤是一个复杂的非均相体系，在土壤矿物风化演变和形成过程中，可能有多种物理化学反应和生物过程同时发生，并相互作用和耦合，但是，现有的技术手段还难以检测和区分其中的生物和非生物过程，以及它们的相对贡献。这一领域未来的研究重点主要如下：

1）成矿微生物生态学。某一生物成矿过程可能由不同的微生物共同催化完成，甄别哪些微生物参与了这些过程并阐明其生化机制是个巨大的挑战。应着重研究参与土壤矿物分解和形成的微生物群落结构、多样性、代谢调控及相关的分子生物学机制。

2）成矿微生物与矿物界面反应过程。主要研究参与生物成矿的微生物与不同类型原生和次生矿物的界面反应与过程模拟，包括微生物与矿物界面的作用力、电子传递特征、吸附与解吸等表面特性，矿物对微生物代谢活性的影响，层状硅酸盐矿物和氧化物中的铁、锰等变价元素的生物氧化和还原反应，微生物与矿物界面反应的化学与分子模拟等。

3）生物矿化过程与机制。主要研究微生物对原生矿物的溶解过程及速率的影响，次生黏土矿物的微生物转化过程、途径与机制，特别是铁锰氧化物的生物形成等，环境条件对生物成矿过程的影响特点，环境中其他物理化学过程与生物成矿的耦合作用等。

建议采用的研究技术途径包括多种生物学、物理化学及矿物学研究的常规方法与现代仪器分析技术。用于微生物生态学研究的各种分子生物学技术，如定量 PCR、BIOLOG、DGGE、稳定性同位素探针、高通量测序等手段将越来越多地用于成矿微生物的鉴定和相关生物学机制的研究。X 射线衍射与结构精修、穆斯堡尔谱、扫描与透射电镜、原子力显微镜、激光共聚焦显微镜技术等是矿物鉴定、结构分析和微生物细胞形态与动态观察方面强有力的工具。傅里叶红外光谱、X 射线光子电子能谱、同步辐射技术、微量热及信息技术等将在成矿微生物与矿物的界面反应和过程模拟等研究中发挥极为重要的作用。

## 四、土壤结构中生物和物理过程互作机理及其调控作用

土壤结构具有高度的空间异质性和时间变异性，是土壤中一切过程的边界。它不仅是土壤生物的生境，控制着土壤生物发育和活动，而且受土壤生物活动的影响，从而影响地球关键带的生态服务功能。理解土壤结构与土壤生物过程的相互作用及其对土壤管理措施的响应，以及不同尺度下生态服务功能反馈模式，已成为土壤生物与土壤物理学交叉学科研究的核心。土壤结构和土壤生物的可视化技术、现代分子生物学技术及多尺度过程耦合模型的创新，推动了土壤生物学和土壤物理学交叉研究的发展。优先发展方向主要如下：

1) 土壤结构异质性和土壤生物多样性的关系：建立基于 X 射线、次级离子质谱、显微放射自显影与荧光原位杂交等相结合的土壤结构中微生物的可视化技术，探索作物根系、土壤动物和土壤微生物在土壤结构，特别是微域孔隙中的分布规律、活动过程及控制因素；研究从团聚体、土壤剖面到景观尺度下土壤性质与土壤根系分布及其微生物多样性的关系及控制机理；建立土壤结构变化与土壤中根系生长发育及土壤微生物分布规律的模拟模型。

2) 土壤生物介导下的土壤结构变化过程及控制机制：揭示凋落物或根系输入的有机物分解对土壤团聚结构形成、稳定和破碎过程的控制机理及土壤微生物群落和食物网的生物调控机制；阐明根际土壤结构形成过程及其植物调控机制；揭示土壤结构和土壤生物的季节性变化、相互作用及其对土壤管理的响应。

3) 土壤生物和物理过程互作的生态功能效应评价和模拟：揭示微域孔隙结构异质性对微生物群落及其主导生物化学过程的影响；阐明其对土壤基础肥力、土壤回复力、土壤有机质储存、温室气体排放、土壤养分循环、土壤

水分保持、土壤污染物降解及生物修复等生态服务功能影响的时空变化特征和调控机制；建立基于多尺度土壤结构变化的水循环、碳循环、氮循环、温室气体排放、土壤形成退化等生态系统功能模型，评价土壤结构和生物相互作用的尺度效应。

建议采用的研究技术途径包括：① 鼓励应用同步辐射基于 X 射线的计算机成像技术，建立定量表征土壤结构的新方法；② 应用次级离子质谱法或显微放射自显影，结合酶谱、同位素或荧光原位杂交技术，以实现直接观察根系生长改造土壤结构过程和定位土壤结构中热点区域的土壤微生物群落及其活动；③建立基于长期定位试验和多尺度的观测平台，以及包括土壤生物、土壤物理和土壤化学多学科的合作队伍，促进多学科知识融合；④加强国际合作，研发基于物理和生物学过程的多尺度耦合模拟模型。

# 参 考 文 献

宋长青，吴金水，陆雅海，等. 2013. 中国土壤微生物学研究 10 年回顾. 地球科学进展，28 (10)：1087-1105.

于天仁. 1999. 土壤电化学的建立及发展. 土壤，5：231～235.

于天仁，等. 1966. 土壤的电化学性质及其研究法. 北京：科学出版社.

Blagodatsky S, Smith P. 2012. Soil physics meets soil biology: Towards better mechanistic prediction of greenhouse gas emissions from soil. Soil Biol Biochem, 47: 78-92.

Borch T, Kretzschmar R, Kappler A, et al. 2010. Biogeochemical redox processes and their impact on contaminant dynamics. Environ Sci Technol, 44 : 15-23.

Cai P, Huang Q Y, Chen W, et al. 2007. Soil colloids-bound plasmid DNA: Effect on transformation of *E. coli* and resistance to DNase I degradation. Soil Biol Biochem, 39: 1000-1013.

Churchman G J. 2010. The philosophical status of soil science. Geoderma, 157: 214-221.

de Jonge L W, Moldrup P, Schjønning P. 2009. Soil infrastructure, interfaces & translocation processes in inner space ("Soil-it-is"): towards a road map for the constraints and crossroad of soil architecture and biophysical processes. Hydrol Earth Syst Sci, 13: 1485-1502.

Kim J, Dong H, Seabaugh J, et al. 2004. Role of microbes in the smectite-to-illite reaction. Science, 303: 830-832.

Lovley D R, Stolz J F, Nord Jr G L, et al. 1987. Anaerobic production of magnetite by a dissimilatory iron-reducing microorganism. Nature, 330: 252-254.

Lovley D R, Coates J D, Blunt-Harris E L, et al. 1996. Humic substances as electron acceptors for microbial respiration. Nature, 382: 445-448.

Lovley D R, Holmes D E, Nevin K P. 2004. Dissimilatory Fe (III) and Mn (IV) reduction. Adv Microb Physiol, 49: 219-286

Lower S K, Hochella M F, Beveridge T J. 2001. Bacterial recognition of mineral surfaces: nanoscale interaction between Shewanella and $\alpha$-FeOOH. Science, 292: 1360-1363.

Myers C R, Nealson K H. 1988. Bacterial manganese reduction and growth with manganese oxide as the sole electron acceptor. Science , 240: 1319-1321.

Or D, Smets B F, Wraith J M, et al. 2007. Physical constraints affecting bacterial habitats and activity in unsaturated porous media – a review. Adv Water Resour, 30: 1505-1527.

Ritz K, Young I M. 2011. The Architecture and Biology of Soils: Life in Inner Space. Oxfordshire: CABI.

Wu Y D, Liu T X, Li X M, et al. 2014. Exogenous electron shuttle-mediated extracellular electron transfer of *Shewanella putrefaciens* 200: Electrochemical parameters and thermodynamics. Environ Sci Technol, 48: 9306-9314.

Xu J M, Huang P M. 2009. Molecular Environmental Soil Science at the Interfaces in the Earth's Critical Zone. Hangzhou: Springer-Verlag GmbH & Zhejiang University Press.

Xu J M, Sparks D L. 2013. Molecular Environmental Soil Science. Berlin: Springer.

Xu Y, He Y, Zhang Q, et al. 2015. Coupling between pentachlorophenol dechlorination and soil redox as revealed by stable carbon isotope, microbial community structure, and biogeochemical data. Environ Sci Technol, 49: 5425-5433.

# 第十章
## 土壤生物研究方法与平台

## 第一节　科学意义与战略价值

　　土壤生物学的研究，几乎完全依赖于方法的突破和进展。这是因为，土壤中绝大多数的生物体积极小、肉眼不可见。因此，发展土壤生物研究方法具有较大的难度，土壤生物学长期滞后于大型动物和植物的多样性与功能的研究。近年来，分子技术和原位表征方法的快速发展，突破了探寻土壤生物奥秘的瓶颈，改变了人类对地球生物资源的认知（Woese，2004）。据估算，每克土壤中生物数量高达 10 亿，是地球最复杂的未知生态系统之一，土壤被认为孕育了地球上最为丰富的生物多样性。事实上，如图 10-1 所示，每克土壤中凝聚了从纳米级别的化学元素，到微米级别的微小生物，再到毫米和厘米级别的团聚体物理结构，是地球生态系统中物理、化学和生物相互作用最复杂、最典型的研究体系。土壤生物分类、功能、尺度转化和野外长期试验平台成为土壤生物学方法与平台研究的重要科学与技术内容。

　　准确描述土壤中生物的类群并对其分类，是土壤生物学研究的前提。传统的基于形态和生理的分类方法，仅能研究土壤中极少数的易培养微生物，极大地阻碍了土壤生物学的研究（Pace et al.，2012）。20 世纪 90 年代伍斯提出三域分类理论（细菌、古菌和真核生物）之后，从根本上改变了传统土壤生物学的研究理念，极大地推动了土壤生物学研究。将核糖体 RNA 基因序列作为生物分类标准的依据是：①核糖体 RNA 是生物细胞内含量最多的一类 RNA，占所有 RNA 的比例约为 82%；②核糖体 RNA 是生命功能的核心。rRNA 与蛋白质结合而成核糖体，作为 mRNA 的支架，使 mRNA 分子在其

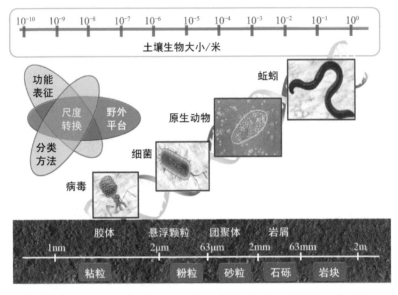

图 10-1　土壤中各种物理-化学-生物物质及其可能的相互作用

上展开并实现蛋白质的合成，作为蛋白质生物合成的场所，是各种生命活动的基础。考虑到几乎所有的生命活动都需要蛋白质发挥作用，因此，rRNA 作为蛋白质合成的核心元件，其分子序列之间的差异，极可能反映了物种的进化过程，是生物分类可靠的分子标记物之一。根据这一理论，每克土壤中微小生物的数量最高可达 10 亿，物种数目最高可达上百万，是地球各种生态系统中生物多样性最为丰富的环境（Gans et al.，2005）。然而，尽管我们已经能够较为全面地认识土壤中生物的 DNA 序列，但由于很难获得这些 DNA 序列的生物活体，据估算，最高可达 99％的土壤生物及其代谢特征尚不为人类所了解。土壤生物的资源保护、功能开发与定向发掘，引起了国际学术界和各国政府的高度关注。

　　然而，值得注意的是，栖息于土壤中的生物迄今仍没有被广泛认可的物种概念。对于高等植物和脊椎动物而言，物种是一群相互之间能够产生可育后代的生物个体的集合。例如，地球上的每个高等动物都被认为是独一无二的，并且能够独立生存。但是，与高等生物不同，土壤中的单个微生物细胞很难进行营养生长，个体微生物细胞必须集聚达到一定数量之后形成种群（菌落），甚至群落之后才能发挥功能。因此，从发挥功能的角度看，微生物的种群概念似乎等同于高等动物或者植物的个体概念。此外，同一微生物种群内的个体细胞是否完全相同，特定种群是否可作为一个微生物物种进行定义，目前仍没有明确的标准。类似地，绝大多数土壤动物，如原生动物的物种分类，特别是生理功能仍待进一步研究，尚未形成国际学术界广泛认可的标准体系。从这一角度看，土壤生物学的方法体系与宏观生态学及传统生物学有较大的区别，未来建立传统土壤生理生化分类体系与分子系统发育分类体系之间的内在联系，并将两种分类方法有机统一，也是重要的研究内容。

生物在生态系统中的功能研究一直是土壤生物学的核心。土壤生物常被比拟为土壤碳、氮、硫、磷等养分元素循环的"转化器"、环境污染物的"净化器"、陆地生态系统稳定的"调节器"。传统土壤生物功能研究的方法主要集中于土壤生物化学的表观通量变化观测。例如，土壤生物矿化和呼吸过程，通过测定无机氮含量的增加，分析土壤生物的功能；通过分析 $CO_2$ 浓度变化规律研究土壤生物的呼吸作用等。而现代土壤生物功能研究更多地转向生物个体与群落的分子代谢机制及生物化学特性研究。其中，先进光谱、质谱等技术是研究土壤生物元素转化的重要工具之一，如核磁共振技术则能检测土壤生物代谢物质的结构和组成信息，以及定量分析土壤生物细胞物质的化学功能团等。近年来，利用土壤生物中的生物大分子化合物作为标记物，成为研究土壤生物功能和分类鉴定的重要手段之一。例如，磷脂脂肪酸、醚脂和氨基糖等生物细胞组成物质在不同生物类群之间通常具有一定的差异，因此可作为分子标记物，研究土壤生物主要类群的功能及其变化规律；同时，这些分子标记物与稳定性同位素示踪技术结合，已经成为土壤生物相互作用及其功能研究的重要手段。近年来，特别是荧光原位杂交、超高分辨率显微技术、纳米二次离子质谱技术（NanoSIMS）等显微成像技术不仅能够在细胞水平指示微生物的功能，而且能够准确识别复杂土壤中活性的生物细胞及其系统分类信息，已经成为土壤生物功能研究的重要手段。

土壤生命系统功能与调控的尺度转换分析方法一直是土壤生物学的研究难点。土壤生物多样性并不是生物个体在土壤中的简单加和，土壤中的生物如何从个体细胞发展为单一种群，进一步产生复杂的生物群落，并在不断适应环境变化的过程中发挥作用进而影响环境，最终在生态系统水平体现土壤生物的功能，目前仍未有被广泛认可的理论。通过在不同的时间与空间尺度，解析土壤生命系统中各组分对不同环境变化的适应规律，则有可能在生态系统的角度阐释土壤生物多样性及其功能意义。长期以来，由于理论和技术发展的限制，土壤生物学采用还原论的研究理念，针对某一个或者数个物种开展单一的模拟研究。然而，不同物种之间甚至同一物种内都存在着不同程度的异质性，导致传统的研究方法无法准确反映土壤生物的原位生态学功能。

21 世纪以来，随着分子生物学技术特别是高通量测序技术的革命性进展，在不同的时间和空间尺度，系统开展土壤生物学研究已经成为可能。例如，复杂土壤中生物的作用遵从中心法则基本原理，即功能基因所蕴含的遗传信息从 DNA 传递给 RNA，再从 RNA 传递给蛋白质，完成功能基因的转录翻译及表达并产生代谢物质。相应地，以土壤中所有功能基因 DNA 遗传信息、RNA 转录信息，以及蛋白质及其表达产物为研究对象，产生土壤组学技术，包括土壤基因组学、转录组学、蛋白组学和代谢组学。进一步结合单细胞技术、传统的土壤动物和微生物分离培养技术，则可以在不同的尺度，实现土壤生物主要类群的实时监测与功能分析。

野外试验平台是土壤生物学研究的重要手段之一。土壤生态系统是土壤生物与土壤环境长期相互作用的结果，也是生物多样性最丰富、物质循环最活跃的生命层。建立长期定位试验是研究土壤生物必不可少的研究方法，其主要原因是，土壤的形成过程最高可能跨越上万年，其历史地理气候条件不可复制，土壤发生发育过程不可模拟，土壤生态系统环境梯度难以界定，较大区域尺度下地理及气候影响因子复杂，实时研究土壤生物在不同环境条件下的功能具有极大的技术挑战性。同时，土壤生物具有种类多、体积小、时空异质性强和适应快等特点，土壤生物的基本材料较难获取，以及生态与环境功能演变也很难被实时监测，所以建立标准化的研究体系具有极大的挑战性。野外试验平台是解决这一难题的重要手段，能通过"空间换时间"，利用可控的环境条件，在较长的时间和空间尺度下，监测土壤生物结构和功能的变化及其对土壤系统的影响，从而认知土壤生命系统的现在，推测过去、预测未来，在个体、群落和生态系统等不同尺度更加准确地揭示土壤生态系统的过程机制，预测土壤生态系统和环境的长期变化，为土壤生物多样性及其生态系统的可持续利用提供依据。

由于受理论基础和技术手段的制约，以及对土壤生物学研究的关注度不够，我国土壤生物学野外试验平台的建设比较滞后，迄今未有专门开展土壤生物学研究的野外综合试验平台，更缺乏可长期开展土壤生物学野外联网监测的标准技术体系。已有的土壤生物学野外研究平台多基于单类群（如蚯蚓）控制试验，也存在观测系统过于简单、可控因子少、观测指标单一、时空尺度小等明显的不足。在过去的几十年，基于控制试验的研究为我们理解在较小的时空尺度上生态系统和土壤生物群落对环境条件的响应提供了重要的信息（Wu et al.，2011）。但是，科学家日益意识到，基于控制试验的观测结果可能低估了群落和生态系统对气候变异的响应（Wolkovich et al.，2012）。

因此，基于野外控制试验研究全球变化的生态效应受到一定的质疑（O' Gorman et al.，2014）。此外，一个生态系统或群落的演变通常要经历较长的时间和空间尺度上的变迁，所以，生态学家常常利用非生物和生物条件的自然环境梯度，研究关键影响因子对生态系统过程的影响。尽管这些自然环境因子梯度并不是严格意义上的调控或精准控制，但是也为我们探究生态因子对生态系统和群落结构在大尺度上的影响提供了参考依据。以往研究关注的自然环境梯度类型包括温度、水分、海拔、土壤属性、地理分隔和外来物种入侵等（Boag et al.，1998），并取得了重要的进展；由于我们所关注的环境因子同时受其他因素的干扰，基于自然环境梯度的野外观测研究也通常是定性的，存在一定的不确定性。目前，土壤生物监测已经成为许多国际著名野外试验平台的重要内容，如美国国家生态观测站网络（NEON），在国际土壤学和生态学等领域得到了高度关注（Geisseler and Scow，2014）。自然环境梯度和控制试验的结合将为我们在更大的时空尺度上研究土壤生物群落对全球气候变化的响应提供一个天然的研究平台，能更加准确地预测土壤生态系统对气候变化、农业生产和人为活动的适应与响应机制。

# 第二节　关键科学问题

1）土壤生物分类的研究方法

土壤通常被称为"黑箱"，其主要原因是，绝大多数的土壤生物，特别是土壤微生物尚未被培养，其分类地位尚未确定。土壤动物和微生物分类的主要科学和技术问题包括：

（1）建立不同分类体系之间的内在联系。明晰传统形态和生理生化分类特点，结合现代分子分类方法，整合传统分类技术与分子系统发育分类优势，形成新的土壤动物和土壤微生物分类指标体系。

（2）土壤难培养微生物新的分子分类体系评价。系统评价土壤生物的关键功能基因或基因簇的分类可行性；在土壤宏基因组水平研究第三代测序技术应用于土壤微生物分类的优缺点。

（3）单细胞水平的土壤微生物分类策略。开发复杂土壤环境中单细胞分选的先进技术，开发单细胞水平的显微成像技术与分子分析策略。在不同的分类水平，定向挖掘土壤动物和土壤微生物资源。

（4）土壤中是否包含前所未知的第四域生物。在土壤动物、土壤微生物以外发挥了不可替代的作用（Woyke and Rubin，2014）。

2）土壤生物功能的研究方法

土壤生物功能是土壤学研究的核心，但由于土壤生态系统的高度异质性，土壤生物的功能研究远滞后于纯粹生物学的研究，主要的科学和技术问题包括：

（1）原位土壤生物功能表征技术。离体可控实验室条件下的生物功能与原位土壤生物功能是否一致，如何实现原位土壤生物功能的监测与调控。

（2）复杂土壤中生物生理特征测定。我国主要类型土壤中，分类地位相同的土壤生物是否具有相同的底物利用功能（食性）；其底物利用潜力是否具有显著差异（食量）；稳定性示踪土壤生物不同标记物（氨基糖、磷脂脂肪酸等）的技术灵敏度与准确性评价。

（3）土壤生物相互作用的研究方法及功能冗余度评价策略。定量刻画土壤动物-微生物-植物之间的物质传输和转化过程，及其对土壤生态系统稳定性的影响；土壤中的生物数量如此之高，是否所有生物之间均存在相互作用，如竞争排斥、互惠共生等，建立土壤关键元素专性/非专性转化的生物网络识别策略。

3）土壤生命系统功能与调控的尺度转换分析方法

土壤生命系统并非各个生物个体及其功能的和，不同时间和空间尺度下土壤生命系统的功能研究具有重要的意义，如微米尺度的团聚体到流域尺度的研究，以及不同时间尺度下的生命功能演替。目前的主要科学技术问题包括：

（1）土壤生物个体-种群-群落-系统中关键元素转化是否存在时间与空间的尺度效应。

（2）土壤元素生物地球化学循环的组学技术开发。土壤中关键元素组成的生态化学计量特征与土壤生物功能之间的耦合关系，特别是在不同时空尺度下元素通量规律的组学表征技术，如土壤宏基因组、宏转录组、宏蛋白组技术为核心的土壤生物关键功能表征体系。

（3）开发先进的计算模型以模拟不同尺度的土壤生物功能效应及调控。评价并预测不同微域和区域尺度下，非生物环境要素对土壤微生命系统功能的限制作用；使得数据获取更加容易、假设验证更加准确，功能变化可预测并能定量。

4）土壤生物研究的野外综合集成观测平台

复杂自然环境中土壤生物多样性与其生态功能演替的耦合是土壤生物学的重要科学问题。土壤生物学野外研究试验平台则可通过"空间换时间"，在更大尺度上监测土壤生物的演替及其生态功能的变化。目前面临的主要问题包括：

（1）土壤生物采样、分析规范及环境数据的整合规范研究。

（2）土壤生物组学研究技术体系。主要野外试验平台的土壤环境生物参考基因组和转录组数据库，原位土壤生物信息实时获取技术体系开发；土壤生物大数据平台建设规范及先进的算法工具开发。

（3）协同工作平台开发。高通量生物信息数据分析平台建设与土壤环境参数的耦合分析工具。

# 第三节　优先发展方向和建议

## 一、土壤生物多样性的组学研究

2008 年以来，高通量测序技术发生了革命性的突破，被认为可与曾经的计算机 CPU 和通信技术的发明相媲美，每 18 个月其测序性能提升一倍，为土壤生物学研究带来了重大的机遇。海量的 DNA/RNA 序列分析逐渐成为一种常规技术，其应用广度也逐渐发展为类似于 20 世纪 80 年代的 NPK 土壤元素分析，成为一种常规手段。高通量测序技术也极大地突破了传统个体生物学的研究限制，使得复杂体系中关键元素转化的微生物功能基因表达、转录和翻译的研究成为可能。以土壤中所有功能基因 DNA 遗传信息、RNA 转录信息，以及蛋白质及其表达产物为研究对象，在土壤系统的水平开展生物组学研究，包括土壤基因组学、转录组学、蛋白组学和代谢组学。这一方法学突破实现了单一生物过程研究向生物群落水平研究的转变，在更高更复杂的整体水平上定向发掘土壤生物的系统功能。

目前，关于转录组学、宏蛋白组学和群落代谢组学的研究仍处于起步阶段，其研究成果也较为有限，但却显示出了巨大的发展前景，土壤组学将是未来土壤生物研究的核心手段。由于高通量测序技术的快速发展，未来土壤组学研究的核心问题是：如何从大规模海量的序列测定转向科学问题导向的土壤生物组学研究，实现数据导向与问题导向的快速转变。

## 二、土壤微生物的单细胞筛选

土壤微生物细胞分离与培养一直是微生物学研究的难点和热点，21 世纪以来，随着分析技术的迅猛发展，在微米尺度原位操控复杂环境中小分子物质的技术逐渐成熟，单细胞分选技术得到前所未有的应用，极可能从根本上改变过去几百年传统的土壤生物分离、分类和功能调控的理论与应用认知，有可能产生土壤生物学领域的重大理论突破。特别值得注意的是，单纯的基因组、转录组和蛋白组仅能反映物种组成的序列和遗传信息，在脱离生命基本单元，也就是"细胞"存在的条件下，单一的 DNA 基因、RNA 转录产物和蛋白质大分子仅仅是一堆化学物质的混合物，无法行使生物的生理功能，不具有应用开发意义。而单细胞筛选技术则能从根本上克服传统宏基因组学研究的内在缺点，除去复杂环境中死亡微生物游离 DNA 的干扰，以生命活动最基本的单元细胞为对象，直接利用组学技术重构微生物细胞功能的代谢网络及其功能，在微生物群落整体水平系统描述维持其关键表型的核心基因组，为进一步通过定向改造核心基因组合成新功能微生物提供理论基础。近年来，以单细胞筛选为基础的比较基因组学/环境基因组学研究已经成为国际微生物学领域最重要的前沿之一，利用我国独特的土壤资源优势，开展单细胞活体微生物高通量筛选与功能研究，将能为系统评价我国重要土壤生物资源，定向发掘重要微生物功能提供强有力的支撑，极有可能形成以单细胞筛选为基础的新学科生长点。

此外，从复杂环境中分离、培养和鉴定活体生物是土壤生物学永恒的主题，然而，最高可达 99% 的土壤生物难以在实验室内单独培养，其功能未知，这也许是目前土壤生物学研究最大的未解之谜。现有技术条件下，设计和开发特异的培养基，模拟自然土壤环境并分离那些似乎难以计数的土壤生物，仍然存在巨大的技术障碍。例如，土壤中大量物质的化学结构迄今仍不清楚，或者无法合成，极大地限制了人们通过纯培养技术获得土壤微生物资源，无法准确认知其对土壤环境的影响。如图 10-2 所示，单细胞技术则有可能成为土壤生物学研究的另一个重大技术突破，几乎能完全规避土壤微生物难培养的技术缺陷，是传统土壤生物分离手段的革命性突破，有可能在将来全面刻画复杂土壤中微小生物物种组成和代谢功能，为系统评价土壤微生物资源，定向发掘土壤微生物功能提供关键支撑。

## 三、土壤生物功能的原位表征技术

对复杂土壤中生物群落的功能研究一直是土壤生物学的难点，长期以来土壤生物功能研究大多依赖于代谢产物或底物浓度的通量变化规律，无法提供生物在复杂土壤环境中的分类和生理代谢信息。现有技术条件下，绝大多

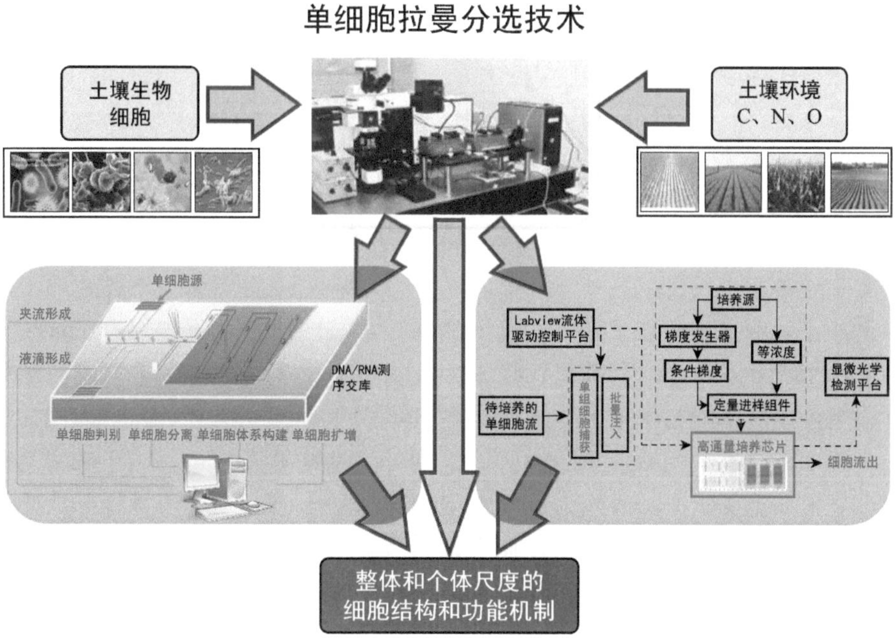

图 10-2　基于活体单细胞土壤生物筛选的功能组学技术

数微生物目前难以培养。从这些难以计数的微生物中，直接甄别复杂环境中微生物的物种组成及其生理功能，认知难培养微生物的作用，单就技术角度而言，在 20 年前也是不可想象的。然而，随着质谱和光谱等技术的快速发展，利用同位素示踪复杂土壤中的生物标记物，如磷脂脂肪酸、醚脂和氨基糖和 DNA/RNA，则能够揭示复杂土壤环境中参与标记底物代谢过程的活性生物，直接耦联土壤生物多样性及其功能。

在发现和研究环境微生物群落中微生物的种类和特征的研究中，高通量组学技术得到了快速发展和广泛应用。其中，以测序和基因芯片为基础的宏基因组学技术是目前研究环境微生物的成熟技术和关键手段，同时宏基因组学也为其他组学提供了生物信息基础。目前，关于转录组学、宏蛋白组学和群落代谢组学的研究仍处于起步阶段，其研究成果也较为有限，但却显示出了巨大的发展前景。由于各组学技术都以生物信息学为基础，因此生物信息学也就成为各组学技术在应用上的瓶颈，并在一定程度上限制了组学技术的发展。高通量组学技术的出现掀起了一场环境微生物领域的革命，它能够帮助科学界更好地了解微生物群落的遗传潜力和功能活动规律。

近年来，同位素示踪技术在土壤生物学领域的应用得到迅猛发展，从大尺度（如较长时间尺度上土壤有机质周转速率）到小尺度（如复杂土壤环境中微生物细胞同化底物的纳米二次离子质谱技术），再到微尺度（如同位素示踪标记自然环境中微生物磷脂脂肪酸技术）。利用质谱技术，可评价不同微生物群落对底物的选择性利用特征，区分不同来源稳定性微生物残留物的积累和分解动态，揭示活性和非活性生物在不同时间尺度的动态变化，在宏观尺度更准确地阐明土壤碳氮转化的动力学过程与微生物功能的关系。此外，如图 10-3 所示，超高分辨率显微镜成像技术与同位素示踪技术相结合的纳米二次离子质谱技术（NanoSIMS）具有较高的灵敏度和分辨率，代表着当今离子探针成像技术的最高水平，该技术能够直接观测生物在土壤环境中细胞水平的代谢活动及其功能。同时，纳米二次离子质谱与荧光原位杂交技术的结合，不仅能在单细胞水平上提供微生物的生理生态特征信息，而且能准确识别复杂环境样品中代谢活跃的微生物细胞及其系统分类信息。纳米二次离子质谱技术在土壤学中的应用为从单细胞成像水平上研究复杂环境样品中生物群落的代谢特征打开一扇窗口，在生物群落的整体水平为土壤生态系统可持续发展提供了重要的生物化学理论依据。

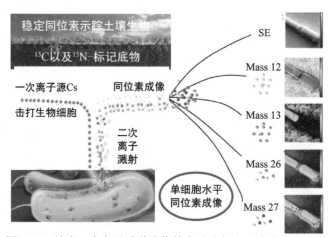

图 10-3　纳米二次离子质谱成像技术示踪复杂土壤中生物功能

注：SE、Mass12、Mass13、Mass26、Mass27 分别代表二次电子（secondary electron）、原子质量 12、原子质量 13、原子质量 26、原子质量 27

## 四、土壤生物学野外联网综合研究平台

基于自然环境梯度或人为活动因子的野外控制试验及大数据的整合联网分析，已经成为土壤生物学的重要研究手段，特别是生态学和地理学理论与技术在土壤生物野外试验平台研究中正发挥着越来越重要的作用。事实上，

植物和动物地理学的理论来源于德国科学家洪堡对海拔梯度上生物群落演替规律的观测与理论凝练。然而，长期以来海拔梯度对地下生物群落的影响研究较少，并且研究结果存在一定的不确定性。例如，有研究表明土壤生物多样性随着海拔增加响应不一致：降低、增加或中海拔达到峰值（Decaens，2010），但也有报道表明，土壤生物多样性对海拔梯度的响应在不同的生态系统中的驱动机制具有显著差异（Colwell et al.，2008）。据此，建立我国基于海拔梯度的土壤生物野外控制试验平台具有重要的意义。通过设置多个山体海拔梯度的联网控制试验将有助于揭示气候变化在不同生态系统的生态学效应及其内在机理，在更精细的时空尺度和物种分类水平，认识海拔梯度影响物种多样性格局的影响规律；区分非生物因素（温度、降雨和土壤肥力等）和生物因素（物种的去除与生物隔离）、局部过程和区域过程对土壤生物群落演替与生态系统功能的相对贡献；研究地下生物群落如何响应和适应气候的长期和短期变化；解析土壤生物对海拔梯度的敏感度和胁迫适应阈值；阐明土壤生物种类和种间的相互作用规律及其对环境的响应机制，揭示土壤生物群落响应海拔梯度的内在机理及其对地上生物多样性的影响规律，全面认识地上-地下生态系统适应海拔梯度的调控机制。

建立基于自然温度梯度的土壤生物野外控制试验平台。理解和预测全球变暖对自然生态系统结构和功能的影响，是人类在 21 世纪面临的重要挑战之一。利用自然温度梯度，特别是"地热生态系统"，将能为应对这一问题提供重要的研究手段（O'Gorman et al.，2014）。地热生态系统中，在同一生物地理区域可涵盖不同的温度梯度，使得研究人员在几乎完全自然的条件下开展控制试验，准确剖析温度的影响效果，进而量化其生态效应，测定其瞬时的响应和平衡态的响应。结合一定的控制试验，以地热梯度为核心的野外长期生态学平台建设将能更好地模拟生态系统对全球变暖的响应。同时，通过监测生态网络对气候变暖的响应，地热生态系统也可作为一种预警系统，为开展多尺度的研究提供一个理想的试验平台，有助于从不同时空尺度和生物复杂性水平揭示生态系统对气候变暖的响应规律并验证相关理论，准确预测土壤生态系统对气候变暖的响应与适应。

## 五、土壤生物信息分析

2007 年以来，高通量 DNA 测序技术的发展日新月异，传统组学研究成为从"大规模测序为目的"转向"解决重大科学问题和突破关键技术应用瓶颈为目的"的重要工具。如何针对爆炸式增长的遗传信息资源，开发有效的统计算法并有效管理、准确解读、充分挖掘土壤组学信息，成为土壤生物信息学的主要内容。但是，海量组学数据的统计算法和分析软件发展远远滞后于新一代测序技术。2009年以来，针对土壤组学数据分析方法的迅速发展，国际同行的生物信息工具大多为源代码开发的免费平台。例如，密歇根州立大学开发的RDP高通量数据分析平台，以及其他团队开发的主要软件如RDP、QIIME、Mothur、MEGAN和MG-RAST等。尽管目前我国土壤生物信息平台与国际同行相比仍有一定的差距，但我国新一代高通量测序发展迅猛，发展土壤基因组的分析工具面临重大机遇，亟须加强在土壤生物信息方面的研究。

基础性分析和存储平台的建设是土壤生物信息分析的前提。绝大多数研究者的关注焦点并非土壤组学信息分析本身，而是如何快速有效地获得序列所隐含的科学意义。因此，如何制定数据获取和保存的统一规范，实现环境样本的信息标准化，有效存储和实现海量数据的初步分析，是我国建立土壤生物信息平台的关键内容。此外，随着土壤组学技术的快速发展，新的统计算法和分析策略也层出不穷，如何针对主要的瓶颈逐步实现重点突破，也是土壤生物信息面临的挑战。例如，在复杂生物背景下，超大规模序列的拼接是目前无法逾越的障碍。如何高效结合试验技术和超算技术的发展，快速、准确地对微生物群落的宏基因组进行有效的拼接和重组，依然存在大量的理论与技术问题。同时，新的计算机技术，如图形处理器（GPU）和超算技术的发展为土壤组学分析也提供了更便捷的解决方案。如何有效地利用这些新的资源和技术，为大型生物信息运算提供通用的算法和接口，也是土壤生物信息学特别值得关注的内容。

在宏基因组数据挖掘的层面上，目前的难点主要体现在：①物种多样性、功能多样性、遗传多样性的估算。生物多样性一直都是生态学研究的重点，而其所属的各类多样性的描述或计算都有相应的方法。然而，在分子生态学的领域内，特别是宏基因组出现之后，相应的定义和算法却很不完善。所以如何有效地利用微生物组学数据估计和描述环境中的微生物群落多样性是所有研究者共同面临的难题。②宏观生态理论在分子生态中的运用。现代生态学经过20世纪的发展已经积累了大量成熟的理论和模型，而近年来随着计算能力的增强，新的生态理论和模型也层出不穷。然而大部分的生态群落理论还是建立在宏观生态的基础之上，用以揭示植物、动物和人类社会现象所体现出来的自然规律。这些理论是否也适用于微观领域，现在还没有明确的结果支持。③微生物物种间关联的不确定性。生物群落的结构不仅包括多样性和物种数量上的分布，还应该包含物种间的相互作用关系，而这些关系在物质、能量、信息循环中起到了至关重要的作用（Zhou et al.，2011）。然而，由于微生物群落庞杂、细小和难以培养的属性，微生物物种间的相互作用往往无法像宏观生态中予以观察和定性，因此也给相关的研究工作带来了挑战。

# 参 考 文 献

Boag B，Yeates G W，Johns P M. 1998. Limitations to the distribution and spread of terrestrial flatworms with special reference to the New Zealand flatworm（Artioposthia triangulata）. Pedobiologia，42：495-503.

Colwell R K，Brehm G，Cardelus C L，et al. 2008. Global warming，elevational range shifts，and lowland biotic attrition in the wet tropics. Science，322：258-261.

Decaëns T. 2010. Macroecological patterns in soil communities. Global Ecol Biogeogr，19（3）：287-302.

Dunne J A，Saleska S R，Fischer M L，et al. 2004. Integrating experimental and gradient methods in ecological climate change research. Ecology，85：904-916.

Gans J，Wolinsky M，Dunbar J. 2005. Computational improvements reveal great bacterial diversity and high metal toxicity in soil. Science，309：1387-1390.

Geisseler D，Scow K M. 2014. Long-term effects of mineral fertilizers on soil microorganisms－a review. Soil Biol Biochem 75：54-63

Hawksworth D L. 1995. Biodiversity：Measurement and Estimation. London：Chapman & Hall.

O'Gorman E J，Benstead J P，Cross W F，et al. 2014. Climate change and geothermal ecosystems：natural laboratories，sentinel systems，and future refugia. Global Change Biol，20：3291-3299.

Pace N R，Sapp J，Goldenfeld N. 2012. Phylogeny and beyond：Scientific，historical，and conceptual significance of the first tree of life. P Natl Acad Sci USA，109：1011-1018.

Woese C R. 2004. A new biology for a new century. Microbiol Mol Biol R，68：173-186.

Wolkovich E M，Cook B I，Allen J M，et al. 2012. Warming experiments underpredict plant phenological responses to climate change. Nature，485：494-497.

Woyke T，Rubin E M. 2014. Searching for new branches on the tree of life. Science，346：698-699.

Wu Z，Dijkstra P，Koch G W，et al. 2011. Responses of terrestrial ecosystems to temperature and precipitation change：a meta-analysis of experimental manipulation. Global Change Biol，17：927-942.

Zhou J，Deng Y，Luo F，et al. 2011. Phylogenetic molecular ecological network of soil microbial communities in response to elevated $CO_2$. mBio，2（4）：e00122-11.

# 第十一章
# 资助机制和政策建议

　　土壤是人类赖以生存和发展的最根本的物质基础，土壤过程不仅直接影响土壤肥力和作物生产，而且还影响水圈、大气圈、生物圈和岩石圈的物质循环和平衡。土壤被誉为地球"活的皮肤"，蕴含极其丰富的生物多样性和生物资源。土壤生物是物质（元素）转化的主要驱动者，是土壤生态系统的核心，深刻影响着土壤质量。土壤生物也是维系陆地生态系统地上-地下相互作用的纽带，支撑着陆地生态系统的过程和功能，在全球物质循环和能量流动过程中发挥着不可替代的作用。土壤生物可通过影响土壤-植物系统中污染物的迁移转化、病原菌及抗生素抗性基因的存活与传播而最终影响人体健康。不仅如此，土壤生物作为生物地球化学过程的引擎，驱动着土壤圈与其他各圈层之间发生活跃的物质交换和循环，在全球变化中扮演着重要的角色。因此，近 20 年来，土壤生物学不仅是土壤科学，也是环境科学、地球表层科学和生命科学等学科十分活跃的交叉发展前沿。

　　我国土壤科学面临的重要科学问题和挑战包括：土壤肥力保持与粮食安全、土壤碳平衡与全球变化、土壤污染修复与生态环境安全、土壤资源可持续利用与生态服务等，发展土壤生物学科将有助于为解决这些问题提供理论基础和技术支撑。在国际土壤生物学及相关学科迅速发展的背景下，通过加强对我国土壤生物学重点方向的资助，有利于凝聚土壤学、微生物学、植物学和生态学等学科的优势科研力量，组建强有力的多学科交叉团队、发挥不同学科专业特长、产生新兴学科生长点，实现我国土壤生物学及相关学科的重点突破与跨越发展，为解决国家农业与环境可持续发展中的重大经济社会问题提供重要理论与技术支撑。

## 第一节　建设土壤生物学多学科交叉卓越研究中心

　　土壤生物学本身是一个交叉性学科，在很大程度上依赖于物理、化学、生物学、生物信息学、生态学和地球科学等多个学科的研究理论与先进技术。而我国目前的管理模式多样，条块分割严重，缺乏统一规划和顶层设计，导致土壤生物研究明显落后于发达国家，具体表现在科研重点较为分散、优势团队难以集聚、系统集成能力薄弱，与国家农业和生态发展的目标结合不够密切。建议在国家层面，依托中国科学院组建土壤生物学卓越研究中心或国家重点实验室，加强土壤生物研究的顶层设计，提高经费投入的产出效率，培养国际创新团队和产生国际影响力，使我国土壤生物学研究进入国际前列。中心的建设包括土壤生物野外长期原位监测研究平台、土壤生物数据分析平台、土壤生物样品库和数据库平台。通过卓越中心和三个平台的建设，形成我国土壤生物学研究、人才培养、国际交流与合作的国家级中心。

## 第二节　组织国家/国际层面的大型科学研究计划

　　土壤生物学日益得到国家相关部门和科学家的重视。中国科学院在"十一五"期间较早地部署了一批重要的方向性项目，初步开展了我国主要农田土壤微生物多样性的研究；在"十二五"期间，国家自然科学基金委员会2011年启动了基金委重大项目，针对稻田土壤关键生物地球化学过程与环境功能，重点开展了土壤微生物功能与调控机制研究。2014年，科技部启动了国家重点基础研究发展计划项目，主要围绕连作障碍土壤修复利用，开展"作物高产高效的土壤微生物区系特征及其调控"研究。同年，中国科学院针对土壤生物学的国际前沿，率先启动了"土壤微生物系统功能及其调控"战略性科技先导专项，利用中科院建制化的土壤生物学研究基础，凝集跨学科的优势力量，发展土壤生物研究的新技术新方法，研究我国主要生态系统土壤微生物的组成与格局；解析土壤关键元素生物地球化学循环的微生物调控机理，揭示土壤地上、地下生态系统协同作用机制，形成土壤生命系统功能及其调控的联网研究技术体系；将能实现土壤生命系统功能及其调控研究的重点突破，整体提升对我国土壤微生物资源的认知水平及可持续利用的调控能力。在这些工作的基础上，建议进一步组织和实施具有国际影响力的土壤生物学重大研究计划，广泛吸收国际伙伴参与研究计划，重点在土壤动物及全球变化生物学研究、土壤生态系统过程与生态服务功能、土壤生物与土壤污染修复等方向，发展面向国家重大需求和国际科学前沿的土壤生物大型研究计划。

## 第三节　在基础研究层面部署重点研究项目

本书系统调研了国际土壤生物学的发展态势和前沿热点，分析了我国土壤生物学领域的重要挑战，提出了我国土壤生物学主要方向的关键科学问题。针对这些主要研究方向及其科学问题，可通过国家自然科学基金项目从基础科学层面开展研究。建议国家自然科学基金委员会每年部署 3～5 个重点项目，就土壤生物与生态服务功能、元素循环转化、土壤肥力、全球变化等关键科学问题开展研究。同时，加强面上项目支持，就土壤生物前沿方向的具体科学问题和研究方法开展探索性研究。在此基础上，适时开展土壤生物重大项目和重大研究计划立项的探讨。

## 第四节　在应用研究层面加强与政府和企业的合作

土壤生物在土壤培肥和土壤质量改善、土壤污染修复、减缓温室气体排放和全球变化等方面具有广泛的应用前景。应用层面的研究和推广需要结合农业生产、环境保护、生态健康的需求，加强与当地政府和企业的合作，将土壤生物学研究的成果转化为可以服务于相关行业的技术，在农业微生物产品开发、农业连作障碍克服、污染物降解、污染土壤修复、生态风险评价、污染水体修复、温室气体减排、面源污染控制等方面公关。

## 第五节　加强人才培养和国际合作

多学科交叉极大地推动了土壤生物学的发展。现代土壤生物学的研究需要具有土壤学、生物学、生态学、地球系统科学等学科的基础，需要借助最

新的物理、化学和生物学的研究手段，特别是基于分子生物学的方法和组学
（基因组、转录组、蛋白质组和代谢组）技术。为此，土壤生物学研究人才的
培养，需要具有宽广的土壤学、生物学、生态学的理论基础，需要培养创新
思维能力及分析和解决问题的能力。建议在本科阶段，加强地球系统科学、
生物学和生态学等基础课程的教学，培养学生宽广的基础知识和学术视野；
在研究生阶段，加强土壤生物学、微生物生态学、生物地球化学、系统生物
学等课程的教学，培养学生实际动手的能力和开展创造性科学研究工作的
能力。

通过各级各类人才项目培养土壤生物学研究的人才。通过国家自然科学
基金委员会的人才项目，特别是青年基金项目，培养和支持从事土壤生物学
研究的青年人才，通过优秀青年基金、杰出青年基金资助，促进青年人才的
成长；通过国家（如千人计划）、科学院（如百人计划）、教育部（如长江学
者）等的人才计划项目，培养和引进从事土壤生物学研究的领军人才；通过
重大项目、重大研究计划等培养和造就土壤生物学领域的学科带头人（如院
士）和具有重要影响的科学家。

加强国际合作是培养人才和取得创新性成果的重要途径。利用好国家支
持留学人员计划，派遣有前途的青年土壤生物科学家到国际有影响的研究团
队从事博士后和访问研究；通过请进来和项目合作的方式，建立良好的国际
合作网络；通过参与和领导重大国际研究计划，在我国举办重要国际学术会
议，可以极大地促进我国土壤生物学的研究并提升我们的国际影响力。建议
我国科学家积极参与国际重大研究计划，国家有关部门为我国科学家参与国
际计划提供必要的经费支持和往来方便。适时启动我国科学家领衔的国际研
究计划，争取举办重要国际会议。

# 附　录
# 国际土壤生物学重大研究计划介绍

　　土壤被认为是地球生物多样性最高的环境，但其中99％的生物功能尚未可知。随着新的技术和理论的突破，土壤生物学已成为土壤学和生命科学等学科前沿交叉研究的新兴领域，得到世界各国政府的高度关注，并部署了一系列重大研究计划，以期在未来土壤生物资源发掘、功能调控、构建新兴学科生长点方面继续发挥引领作用。现从研究背景、科学问题、研究目标、国际影响四个方面，简要介绍国际上正在开展的，或已完成的部分土壤生物学重大研究计划。

## 1　研究计划一：　英国土壤生物多样性研究计划

### 1.1　研究背景

　　土壤生物是维系地上-地下生态系统功能与稳定的重要因子，驱动了土壤各种关键生态过程，如有机质分解、土壤氮素转化、痕量温室气体排放等。生物多样性与生态系统功能之间的内在联系是生态学研究的核心问题，但长期以来，土壤生物在元素地球化学循环过程中的作用尚处于定性描述阶段，高强度的人为活动已经或正在对地球生态系统产生深刻的影响，如水土流失、农业集约化、污染物酸沉降和氮沉降等。但是上述干扰如何影响土壤生物多样性及其潜在的生态系统功能仍不清楚，特别在复杂自然环境条件下，土壤生物多样性及其功能研究大多处于定性描述阶段。近年来，分子生态学技术的快速发展则为解析土壤生物多样性与功能提供了契机。DNA测序技术表明土壤生物的遗传多样性与生态过程密切相关，但土壤中绝大部分的生物多样性尚未可知；先进的显微成像技术（如 NMR、共聚焦显微技术、GC-MS 等）则使原位功能表征成为可能，为揭示土壤生物多样性与功能之间的关系提供了新的途径。

据此，英国自然环境研究委员会（Natural Environment Research Council，NERC）启动了土壤生物多样性研究计划（Soil Biodiversity Programme：Biological Diversity and Ecosystem Function in Soil），针对英国 Macaulay 研究所著名的长期畜牧草地生态学试验平台 Sourhope，研究了土壤生物多样性及其在土壤生态过程中发挥的功能。1997～2004 年，英国自然环境研究委员会共投资 585 万英镑，资助了 30 个研究项目，来自英国大学和研究所的 120 个科学家参与了该项目研究计划的实施。该计划由英国的著名研究机构，生态与水文研究中心（Centre for Ecology & Hydrology）协调管理。设有专门的项目管理办公室，有专门人员从事行政事务、数据管理和统计咨询等方面的工作。另外，还设有学术指导委员会、数据管理和模拟分委员会、项目开发分委员会为整个研究计划的顺利实施提供支撑。

## 1.2　科学问题

该计划基于相同的实验设计和研究手段，研究共同的科学问题，包括：

1）在一个相对简单的生态系统中，量化土壤生物关键类群的分类和代谢多样性，为明确土壤生物多样性在驱动生态系统过程中的作用提供坚实的实验证据。

2）利用分子生物学技术拓展我们对土壤生物分类学的认识；阐明土壤生物关键类群在土壤 C、N 循环过程中的作用。

3）确定土壤生物多样性降低对其维持的生态系统服务功能的影响程度。

4）在控制的条件下，同时调控土壤生物主要分类类群，研究其对生态系统功能的影响。

5）确定土壤生物多样性指示土壤生态系统对于土地利用变化弹性的适用性。

## 1.3　研究目标

1）建立典型土壤基本属性与土壤生物多样性的参考标准体系。针对高强度人为干扰下的一个典型英国草地土壤，研究各种土壤生物分类学的定量数据。

2）在分子水平揭示新的难培养的土壤生物物种数量和组成。发展先进的分子生态学手段，通过分析大量的土壤剖面及土壤生物多样性的图形图谱数据，刻画土壤生物多样性，建立土壤核酸 DNA 及其凝胶图谱的定量化实物及数据样本。

3）揭示重要土壤生物功能与多样性之间的联系，并阐明其对土壤氮肥施用、杀虫剂管理，以及碱石灰施用等农业管理措施的响应与适应机制。

## 1.4 国际影响

1）2004 年在伦敦和爱丁堡分别举办了 "The world beneath your feet" 的大型学术活动，扩大了该项目在英国的影响；举办了一次英国生态学会的专题会议，参与了各种学术会议并向世界各国同行介绍了英国土壤生物多样性研究的进展，扩大了国际影响。

2）发表了 76 篇 ISI 论文，其中 5 篇发表于国际著名的综合性刊物 *Nature* 和 *Science*，并在国际刊物 *Applied soil Ecology* 出版了 1 期专著；培养博士生 12 名，造就了一批迄今活跃在国际土壤生物学前沿的青年科学家。

# 2 研究计划二： 土壤生物地球化学的界面过程

## 2.1 研究背景

土壤圈是地球关键元素（碳氮）生物地球化学循环的关键枢纽，代表了整个地球非水生环境表面的自然体，几乎参与了所有的水、热、气和各种地球元素的吸收、储存、转移和排放过程；同时，土壤作为生物多样性的天然资源库，对地球所有生物及其生存环境有着深刻的影响。因此，土壤元素的生物地球化学过程是地球生态系统演替的关键驱动力，从各个方面影响了植物生产力和水环境质量。这些过程也最终决定了污染物和营养元素在自然环境的迁移与变化，在经济社会快速发展的今天，深刻理解土壤元素的生物地球化学循环过程，解析不同过程之间的相关性及其在全局性调控过程中的作用，具有重要的理论和实践意义。

据此，德国国家自然科学基金会（DFG）部署了战略优先项目（DFG Priority Programme）："土壤生物地球化学界面过程，Biogeochemical Interfaces in Soil"，简称 BGI。项目负责人是德国耶拿大学地球科学系水文地质学领域的首席教授 Kai Uwe Totsche，共计 106 位核心骨干参与了该项目。项目设置了 6 个主题：第一期资助了 22 个项目（2007～2010 年）；第二期资助了 20 个项目（2010～2013 年）。该项目类似于中国国家基金委员会的重大研究计划，针对国家重大战略需求和重大科学前沿问题，通过部署项目群，形成具有相对统一目标或方向的重点领域和方向，加强关键科学问题的深入研究和集成，形成国际领先的优势研究队伍。每个项目的资助期限通常为 6 年。

## 2.2　科学问题

总体目标是：针对典型土壤的生物地球化学界面，系统解析其物理、化学和生物过程及其相互作用，阐明有机物质在土壤中迁移和归趋的生物地球化学机理。具体科学目标主要包括：

1）揭示复杂土壤中生物地球化学界面的物理结构及其功能，阐明土壤物理结构对有机物迁移转化的界面动力学影响规律。

2）阐明土壤生物地球化学界面的关键控制因子；建立分子界面、生物个体、团聚体三个尺度之间在生物地球化学过程中的联系。

3）提出一个普适性的框架体系，揭示中长期尺度下有机物在土壤中的迁移和转化规律。

项目特别重视先进的物理化学及显微成像技术在土壤学中的应用，设置了共同的实验技术交流平台，探索不同学科先进技术在土壤学中的应用。具体技术目标包括：

1）评价先进的分子技术在土壤学中的应用，包括先进的分子生物学技术、材料技术和纳米技术等，通过与传统方法进行比较耦合，系统评价先进技术在土壤物理、化学和生物过程研究中的可行性。

2）集成新一代光谱成像技术、层析成像技术、计算化学技术、分子生物学技术的综合技术体系，在区域和个体生物尺度上连续动态观测土壤生物地球化学界面的发生、形成及其功能。

3）建立模式实验体系，直接观测土壤生物地球化学界面的结构、功能和动态信息的原位变化过程，实现已知可能条件下的最高时间和空间分辨率物质浓度、结构和环境条件信息的实时获取。

## 2.3　研究目标

该项目设置了 6 个研究目标，从不同角度阐释土壤生物地球化学界面过程，主要包括：①土壤生物地球化学界面的发生、形成与动态过程；②土壤生物地球化学界面属性与过程：典型元素的吸附、转化和生物有效性研究；③土壤生物地球化学界面属性与功能的尺度转换研究；④光谱与层析成像可视化技术研究土壤生物地球化学界面的物质组成与属性；⑤计算化学与物理化学表征技术：定量重构与模型模拟土壤生物地球化学界面的属性及相互作用机制；⑥土壤微生物生态：不同尺度和界面中微生物群落在土壤有机物转化过程中的作用研究。

此外，该项目组织不同领域的科学家，设置了 10 个联合试验，包括：①人工合成土壤培养试验；②土壤生物地球化学界面的多级结构研究；③土壤生物地球化学界面氧气动态的定量与可视化；④土体动物模拟试验；⑤重构生物地球化学界面过程——阴离子作用与热处理；⑥土壤生物地球化学界面的多级结构分析及其对活性物质迁移的预测研究；⑦土壤-凋落物相互作用界面；⑧MALDI 质谱可视化技术研究植物根系表面酸碱效应及其对甲霜林降解的影响规律；⑨土壤生物地球化学过程的流式模型；⑩土壤生物地球化学界面的细菌与矿物相互作用。在前期研究的基础上，项目组进一步开展了 3 个多交叉学科联合试验：①针对铁矿对土壤中有机污染物 DMA 和 MCPA 的吸附研究；②微生物生物量在土壤中的稳定化过程及其对土壤有机质形成的潜在影响；③新成土的微热量分析。

## 2.4 国际影响

1）举办国际会议 39 次，平均每年 5～6 次，促进了德国学术界和公众对土壤学的认识，提高了德国土壤学研究的国际影响；

2）已经发表了 146 篇论文，一篇发表于国际著名刊物 *Science*。

# 3 研究计划三： 欧洲土壤生态功能与生物多样性指示物种研究

## 3.1 研究背景

生态系统服务特指人类从生态系统中得到的获益或福祉，主要包括物质供应、调控、文化服务。这些生态系统服务直接影响人类生活并可能间接影响人类生存所需的其他基本服务。大多数生态系统服务具有高度的内在关联性，并且可能是同一个生物过程的不同方面，如初级生产力、光合作用、营养元素循环、水循环等。具体生态系统服务的详细内容，可参考联合国千年生态系统评价框架，其中对生态系统服务及人类福祉相关的衍生产品做了较为详尽的描述。

　　土壤提供了许多重要的生态系统服务，如初级生产（包括农产品和林产品）、调控生物地球化学循环（并影响气候变化）、净化水资源、拮抗病原微生物与害虫并维系地上生物多样性。然而，土壤作为一种人类期望寿命的时间尺度下的不可再生资源，也面临着日益增加的干扰和威胁，急需采取一些措施对土壤资源加以保护。类似于大气和水资源的管理法则，欧盟委员会希望能够制定一项土壤可持续管理政策，以期通过一项具有法律约束力的土壤框架协议和措施，实现土壤资源的保护。为实现这一目的，必须深入理解土壤生物多样性与功能的科学理论，发展技术手段，应对上述环境胁迫，提升土壤生态系统服务。近年来分子技术的快速发展，为解析土壤生物多样性的复杂性，以及更好地理解土壤生物功能提供了重要契机。据此，欧盟委员会于 2010 年启动了一项名为 EcoFINDERS 的项目，也被称为欧洲土壤生态功能与生物多样性指标（ecological function and biodiversity indicators in European soils）。项目的主要内容包括：①土壤中巨大的生物多样性，包括土传微生物的体积大小、土壤微生物功能的巨大多样性、土壤微生物的难培养特征，以及不同尺度下土壤环境的巨大异质性；②不同土壤、气候类型和土地利用情况下土壤生物多样性及其生态系统服务的认识；③在技术水平上，使研究土壤生物多样性及其功能的方法和操作程序标准化。项目的研究对象包括：古菌、细菌、真菌、原生动物、微型节肢动物、线虫、寡毛类动物如蚯蚓。研究的营养结构主要针对地上-地下生物多样性；主要生境和影响因子包括土壤类型、典型气候带（大西洋区域、欧洲北部、潘诺尼亚平原、地中海区域），以及土地利用方式（农业、林业、草地与牧场）、侵蚀、压实、有机质减少、污染。

　　项目利用的长期定位试验区包括：爱尔兰、法国、荷兰、英国（大西洋区域）、瑞典（欧洲北部）、洲际试验站（瑞典与中国）、法国与意大利（地中海区域）、斯洛文尼亚（潘诺尼亚平原）。其中也包括一些特殊土地利用类型，如英国针对年代序列的高地土壤长期定位试验点。此外，该项目与各国开展的全国性土壤普查紧密结合，如英国的环境变化网络项目、爱尔兰的 Crebeo 项目、法国的 RMQS 项目、荷兰的 BoBi 项目、德国的 BDF 项目、葡萄牙的 BioSoil 项目、斯洛文尼亚的全国土壤普查和污染评价项目。

　　该项目由法国国家农业科学研究院（INRA）的 Philippe Lemanceau 教

授负责总协调，参与者包括欧盟主要国家，共设计了 6 个项目群 Workpages，包括 WP1 生物多样性，由英国生态与水文研究中心的 Mark Bailey 教授负责；WP2 土壤功能与生态系统服务，由荷兰瓦赫宁根大学的 Jack Faber 教授负责；WP3 土壤生物多样性标准技术体系建设，由法国农业科学研究院的 Francis Martin 教授负责；WP4 生物多样性的指示生物评价与筛选，由苏格兰农业研究院的 Bryan Griffiths 教授负责；WP5 土壤生态福祉，由英国剑桥大学的 Unai Pascual 教授负责；WP5 技术示范、传播和培训，由丹麦奥胡斯大学的 Anne Winding 教授负责。

## 3.2  研究目标

EcoFINDERS 的战略目标是：为欧盟委员会的土壤相关政策制定提供科学依据和必需的技术支撑，推动土壤科学利用管理措施的推广和实施。具体的科学目标如下：

1）刻画欧洲土壤微生物和土壤动物的多样性全景图；

2）解析土壤生物之间的营养关系及其对土壤生态系统食物链的影响规律；

3）阐明土壤生物在维系土壤功能及土壤生态系统服务方面的作用，包括在营养元素循环、碳储存、蓄水作用、土壤结构调控、病虫害防控，以及维系地上部分生物多样性；

4）明确环境胁迫土壤生态系统生物多样性的稳定性及回复力，包括土壤侵蚀、土壤退化、土壤有机质降低和土壤污染。

EcoFINDERS 同时设置了技术研究目标，主要包括：

1）发展并建立土壤微生物和土壤动物多样性研究的标准技术体系；

2）建立高通量的分子体系评价土壤微生物和土壤动物多样性；

3）发展个性化的分析工具和方法研究土壤动物的功能多样性；

4）构建协同工作平台监测欧洲土壤生物多样性及其适应胁迫的动态变化趋势。

## 3.3  科学问题

EcoFINDERS 项目的科学问题是：①土壤生物多样性变化是否能够及时并有效地反映土壤功能及其相关生态系统服务的演替速率和方向；②土壤中是否存在着特定的环境指示生物，筛选并识别指示生物能够提供一种经济可行的评价策略，从而实现土壤功能及其生态服务的动态监测；③基于这些特定环境的指示生物及评价策略，能否形成合理的土壤管理政策并将其推广。

## 3.4　研究目标

针对 6 种主要的生态系统服务，包括碳储存与转化、土壤营养元素循环、水土结构调控、病虫害拮抗作用、地上生物多样性调控、土壤多样性的抵抗力与回复力。EcoFINDERS 希望实现以下目标：①筛选获得高效廉价的指示生物，用以快速检测微生物和动物多样性及其相关功能的变化规律，评价生物多样性所维系的生态系统服务功能；②土壤管理政策实施对土壤生物多样性和功能的影响，以及采用指示生物产生的经济附加值；③向土壤相关的责任方灌输项目相关的研究结果，特别是地区、国家和欧盟相关的政策制定者，在公众当中广泛开展土壤生物多样性及其可持续的宣传。

## 3.5　国际影响

1）2011 年以来，发表论文 50 篇，在各种会议宣传报告近百次，举办了相关会议 6 次，针对博士研究生水平的培训班 6 次；形成了关于采样、模型、网站、标准等一系列的报告并提交给了欧盟委员会。

2）在欧洲召开了两次新闻发布会，强调土壤生物多样性的重要性；出版了多国语言宣传册（英、德、意），并在各种媒体进行宣传；针对政府和相关科技管理部门，开展相关咨询报告和政策交流会议共 21 次，开展 5 次大型科普活动，推动了公众对土壤生物多样性及其生态系统服务功能的了解。

# 关键词索引

**A**

氨化作用　11，46

氨氧化古菌　11

氨氧化细菌　11，48，71

暗物质　5，7

**B**

胞外电子传递过程　101，103，107

胞外呼吸　103，104，106，107

胞外聚合物　86，102，108

胞外酶　4，59，101

**C**

产甲烷菌　46，47，70，75

超高分辨率显微技术　115

超级细菌　91

超积累植物　89，90

成矿微生物　109，110

尺度效应　20，34，37，101，103，
　105，111，118

次级离子质谱　110，111

**D**

代谢理论　28，35

代谢组学　16，24，27，85，91，92，
　116，119，121

单细胞分选　117，120

氮沉降　15，67，72，73，75，78，130

抵抗力　40，91，95，137

地球关键带　100，101，103，107，
　109，110

第三代测序技术　117

第四域生物　117

电子穿梭体　103，106，107

多度　36

**E**

二氧化碳　34

**F**

反硝化作用　11，46，71

放射自显影成像　53

非线性响应　20，31，79，80

非专性转化　118

分子系统发育　115，117

分子信号　27

腐殖质呼吸　106

傅里叶转换红外光谱技术　109